献给所有传授智慧给我的恩师们!

献给辛勤抚育我长大的祖母与父母亲大人!

——智广

序　言

　　《吉祥经》是一部非常重要的佛教经典，非常强有力，就像珍宝一样。

　　佛陀在经中讲述了三十八种生活中怎么样获得吉祥如意的方法，如果我们遵从，就可以没有忧虑、没有恐惧。

　　从出生到死亡，我们该做些什么？对于这个社会、人际关系、家庭，哪些该做？哪些不该做？在此经中佛陀都做了明确的开示。

　　如果我们每天早晚在家都能唱诵一遍的话，所有的困难都会结束，所有的成功都会到来，所有的心愿都能实现。

　　实际上，如果我们遵从《吉祥经》所说的方式去做的话，不仅是这一生吉祥如意，而且对来世也是很有利益的。

　　　　　　　　——斯里兰卡　阿斯羯利派大导师　乌都伽玛长老

吉祥经（中英文对照）

Discourse on Blessings （Maha-mangala Sutta [1] ）

如是我闻。

Thus have I heard:

一时，佛住舍卫国祇树给孤独园。

On one occasion the Blessed One was living near Savatthi at Jetavana at Anathapindika's monastery.

时已夜深，有一天神，殊胜光明，遍照园中，来至佛所。

Now when the night was far advanced, a certain deity, whose surpassing radiance illuminated the whole of Jetavana, approached the Blessed One,

恭敬礼拜，站立一旁。

respectfully saluted him, and stood beside him.

以偈白佛言：

Standing thus, he addressed the Blessed One in verse:

"众天神与人，渴望得利益，思虑求幸福，请示最吉祥。"

1. 'Many deities and men longing for happiness have pondered on (the question of) blessings. Pray tell me what the highest blessings are.

世尊如是答言：

"远离众愚迷，亲近诸智者，尊敬有德者，是为最吉祥。

2. 'Not to associate with the foolish, but to associate with the wise, and to honor those worthy of honor—this is the highest blessing.

居住适宜处，往昔有德行，置身于正道，是为最吉祥。

3. 'To reside in a suitable locality, to have performed meritorious actions in the past, and to set oneself in the right direction—this is the highest blessing.

多闻工艺精，严持诸禁戒，言谈悦人心，是为最吉祥。

4. 'Vast learning, skill in handicrafts, well grounded in discipline, and pleasant speech—this is the highest blessing.

奉养父母亲，爱护妻与子，从业要无害，是为最吉祥。

5. 'To support one's father and mother, to cherish one's wife and children, and to be engaged in peaceful occupations—this is the highest blessing.

如法行布施，帮助众亲眷，行为无瑕疵，是为最吉祥。

6. 'Liberality, righteous conduct, rendering assistance to relatives, and performance of blameless deeds—this is the highest blessing.

邪行须禁止，克己不饮酒，于法不放逸，是为最吉祥。

7. 'To cease and abstain from evil, to abstain from intoxicating drinks, and diligent in performing righteous acts—this is the highest blessing.

恭敬与谦让，知足并感恩，及时闻教法，是为最吉祥。

8. 'Reverence, humility, contentment, gratitude, and the timely hearing of the Dhamma, the teaching of the Buddha—this is the highest blessing.

忍耐与柔和，得见众沙门，适时论信仰，是为最吉祥。

9. 'Patience, obedience, meeting the Samanas (holy men), and timely discussions on the Dhamma—this is the highest blessing.

自制净生活，领悟于圣谛，实证涅槃法，是为最吉祥。

10. 'Self-control, chastity, comprehension of the Noble Truths, and the realization of Nibbana—this is the highest blessing.

八风不动心，无忧无污染，宁静无烦恼，是为最吉祥。

11.'The mind that is not touched by the vicissitudes of life[2], the mind that is free from sorrow, stainless, and secure—this is the highest blessing.

依此行持者，无往而不胜，一切处得福，是为最吉祥。"

12.'Those who have fulfilled the conditions (for such blessings) are victorious everywhere, and attain happiness everywhere—To them these are the highest blessings.'

《吉祥经》英文由斯里兰卡喜见长老译

注释 1：见《小诵经》第五篇及《经集》第四十六页《吉祥经》。另请参照《本生经》第四百五十二篇《大吉祥本生谭》。

1、Khp. No.5; Sn.46 under the title Mangala sutta; cf. Mahamangala Jataka No. 452.

注释2：八风分别为利、衰、誉、毁、称、讥、乐、苦。该句偈颂指的是圣者阿罗汉的心识状态。

2、The vicissitudes are eight in number: gain and loss, good-repute and ill-repute, praise and blame, joy and sorrow. This stanza is a reference to the state of mind of an arahant, the Consummate One.

目录

什么是真正的吉祥？…1

《吉祥经》的缘起…7

一、远离众愚迷…14

二、亲近诸智者…19

三、尊敬有德者…24

四、居住适宜处…29

五、往昔有德行…35

六、置身于正道…46

七、多闻…55

八、工艺精…63

九、严持诸禁戒…66

十、言谈悦人心…72

十一、奉养父母亲…75

十二、爱护妻与子…81

十三、从业要无害…89

十四、如法行…93

十五、布施…118

十六、帮助众亲眷…137

十七、行为无瑕疵…143

十八、邪行须禁止…147

十九、克己…154

二十、不饮酒…161

二十一、于法不放逸…167

二十二、恭敬…171

二十三、谦让…176

二十四、知足…180

二十五、感恩…186

二十六、及时闻教法…192

二十七、忍耐…204

二十八、柔和…212

二十九、得见众沙门…217

三十、适时论信仰…220

三十一、自制…224

三十二、净生活…227

三十三、领悟于圣谛…231

三十四、实证涅槃法…242

三十五、八风不动心…258

三十六、无忧…261

三十七、无污染…266

三十八、宁静无烦恼…268

一切处得福，是为最吉祥。…272

附录一：

《法句譬喻经·吉祥品》…275

附录二：

《大方广佛华严经·净行品》…278

什么是真正的吉祥?

什么是真正的吉祥?

怎样才能得到真正的吉祥?

佛陀提出三十八种吉祥的智慧方法，能够为我们的生命带来无上的吉祥，不靠祈愿或等待，通过实行佛陀所教示的三十八种吉祥的秘诀，就能得到最大的安稳与幸福。

"吉祥"的巴利文Mangala，有三个音节：Man意为恶道，ga意为去，la意为截断，直译即为截断去到苦处的意思，即断除一切痛苦之因，从而使身心获得幸福、快乐、安宁。吉祥可分为因吉祥和果吉祥，世间吉祥和出世间吉祥。正确的、善的行为即是因吉祥，正确善行所带来的结果即是果吉祥；世间凡夫所感受的吉祥即是世间吉祥，超出世间的圣人所感受的吉祥即是出世间吉祥。

吉祥的反面就是凶险。每个人都不希望自己遭遇凶险的事情，都希望自己能够吉祥如意。在人们平常的祝词中也常有这个"吉祥如意"，希望大家都能够吉祥如意。但事实上我们很多人都没有吉祥如意，既不吉祥，也不如意！就像我们常常看到的一个现象：众生都希望得到快乐，都不希望得到痛苦，但往往事与愿违。这到底是为什么呢？因为我们根本不懂得什么是真正的吉祥，如何得到真正的吉祥。从开始追求的方向就错了，中间追求的方法也错了，结果怎么会得到真正的吉祥快乐呢？想得到吉祥的果，却种下凶险的因，怎么能不感受痛苦呢？

因而，我们首先需要分辨：什么是吉祥。

有些人认为赚到了钱就吉祥，然而"穷得只剩下钞票"的有钱人，肯定算不得吉祥；

有些人说长得漂亮就可以得到吉祥，那么"自古红颜多薄命"，却又诉说着无数美女的悲惨命运；

也有些人认为有名气就吉祥，但是"高处不胜寒"的痛苦，却只有"被架上云端"的名人自己明白；

还有一些人认为住在大城市里是吉祥，认为住在别墅、豪宅里是吉祥，到底是不是这样呢？这都不一定。

什么才是真正的吉祥？断除一切痛苦之因，身心获得幸福安宁才是吉祥，生活中没有痛苦才是吉祥。

人人都渴望钱财，但是钱财带给人们的痛苦也显而易见：树大招风，财大招祸。有钱的要防小偷、防家贼……没钱的倒可以夜不闭户，糟糠夫妻富贵了反而分道扬镳，手足骨肉为分家产往往反目成仇，面对苦心积累的财富却时常忧心忡忡！财富到底是不是吉祥？

汽车、洋房、手机、电脑，生活的高档资具带来方便的同时，也带来很多的烦恼：塞车、违章、油价涨、修车、养车、难停车是有车一族为便利潇洒所付出的代价，住在雾霾中的洋房里怀念乡土的气息，不断升级的手机驱散了书信传递的真情，电脑建立的网络世界囚禁了年轻一代的心……高档的生活算不算吉祥？

其实，人们所追求的世间快乐，都有其两面性：既有利的一面，又有弊的一面；既有快乐的一面，又有痛苦的一面。所以这些世间所谓的快乐不能叫吉祥，吉祥就是没有痛苦、没有任何副作用，那才能叫吉祥。

而且，世间的快乐都需要依赖外在的条件。

比如特别爱吃巧克力，得到了就特别快乐，得不到就想得难受。你的快乐就得要依赖有巧克力这个条件了。

喜欢住别墅、开好车，享受豪华的生活，一旦破产要啥没啥了，就感到无比地痛苦。你的快乐依赖着这些外在的物质。

权利、地位、掌声、鲜花，让你感到扶摇直上入青天的快乐，然而一落千丈时，那份凄凉难以排解。你的快乐依赖着这些外在的虚华。

朋友相聚、恋人相爱、亲人团圆，最是人间好时光，然而曲终人散时，却要独自品尝难耐的孤独。你的快乐依赖着别人的陪伴。

所有生活当中的快乐都要依赖于外在的条件，只要是依赖外在条件的，你就没有自由。因为你被它牵着走，就像一头牛一样，外部的条件就是这个牛绳。生活中，我们每个人都在被牵着走，我们每个人都没有自由，因为我们的快乐依赖于外在的条件。

依赖外在条件的快乐，会有以下问题：

第一，你没有自主权。快乐不是你想得到就能得到的，它依赖于外在条件，有条件的时候你就快乐，没条件的时候你就不快乐了。你的快乐被条件所左右。

第二，你的快乐不长久。一切都是有限的，你不可能永远拥有它，有得必有失，有生必有灭。你无法让快乐永恒留驻。

第三，外在条件给你带来快乐的同时，也给你带来一定程度的痛苦。

其实，人生所有的快乐都是有生有灭的，有开始就会有结束，再大的快乐总是要结束的，都是有限的，而且都是有一定的副作用。任何东西都是一样，财、色、名、食、睡，人世间所有的享受都是有限的，而且是有副作用的。所以，这种快乐只能说是暂时的快乐、有限的快乐、生灭的快乐。

佛陀认为快乐有两种：一种是我们人世间有限的快乐。比如说财富、权势、名声、健康、美丽、爱情等等。而这些外在条件后的快乐，其实是有限度的，不单有限度，而且很可能都有副作用，因为它给你带来快乐的同时，会给你带来更多的痛苦。这个世间的事情都是一体两面的。

那么，有没有一种快乐是完全没有任何副作用，也不会有穷尽的呢？是有的，这就是佛法里所提倡的快乐，这种快乐不依赖于外面的环境，而且是永远不会穷尽的。它就是我们内心的智慧和觉悟，是开悟的境界，佛法里也叫解脱。

4 如果我们真的开悟了、解脱了，那种快乐是什么样的呢？

首先，不依赖于外在的条件。内心解脱了，随时随地都可以得到快乐。今天住在别墅里很快乐，明天住在茅草房里还是很快乐；今天吃巧克力很快乐，明天喝苦药还是很快乐；今天开车很快乐，明天走路也很快乐。如果我们能够真正地解脱，获得了佛法的证悟和智慧，内心的快乐就不会被外境所影响，你想快乐就快乐，再也不用依赖于外界的任何条件。所以，这种不依赖外在条件的快乐才是真正的快乐！

而且，因为这种通过佛法得到的解脱和证悟，会带来更多的智慧和更高的证悟。你的证悟境界会一直不断地提升，你的快乐就会一直不断地提升，所以你可以一直快乐下去。因为你的修行会越来越好，一层一层地修上去直到成佛为止，你的快乐就会产生新的、更多的快乐，所以你的快乐会越来越多，不会失去。这种没有穷尽的快乐才是真正的快乐！

这种出世间的吉祥，比起世间有限的、暂时的、有副作用的吉祥，当然是真正的吉祥，但并不是说世间所有的吉祥一定有害。当你能拥有世间吉祥和出世间吉祥，而没有任何痛苦、只有快乐的时候，那就是真正的吉祥，也就是佛法里同样倡导的"世出世间的吉祥"。

在这一篇佛陀所讲的《吉祥经》里面，既告诉我们如何获得世间暂时的吉祥，也告诉我们如何获得出世间究竟的吉祥。佛陀并没有排斥我们获得世间吉祥，我们不需要把汽车、别墅送给别人，也不需要破衣烂衫、素面朝天，更不需要抛妻弃子、绝情绝义。其实世间吉祥并不会带给我们痛苦，之所以享受的同时会带来副作用，是因为我们对这些世间快乐的执著！一个放下执著、真正解脱的人，世间的一切有也好、没有也好，任何境遇下他都是快乐的。所以佛陀说，我们可以享受世间的快乐，但这不是究竟的，关键是我们必须在得到世间快乐的同时，要慢慢地努力走向解脱；反过来说，如果真正获得解脱了，也不妨碍我们去享受世间的快乐，因为在解脱的境界里，世间吉祥不会产生任何副作用，而且会更快乐，这就是我们从佛法当中所能获得的。

❁ 《吉祥经》的缘起

《吉祥经》文字很少，但内容丰富、义理深奥，包括了怎样获得世间的幸福吉祥，以及怎样获得出世间的究竟吉祥，对我们的生活与工作具有很好的指导作用。如果谁能理解这些内容，并付诸行动，则幸福圆满一定会来临。

《吉祥经》是从《南传大藏经》中译出的。"吉祥"的巴利文Mangala，直译即为截断去到苦处的意思，即断除一切痛苦之因，从而使身心获得幸福、快乐、安宁；"经"的原义是线和贯穿义，引申为亘古不变的真理。

《吉祥经》在南传佛教中非常盛行，系南传佛教各国及我国云南傣族地区佛教僧俗弟子日常念诵的经文之一。在这些区域，凡遇盛大典礼或举办重要仪式，前面都要念诵《吉祥经》，以祈吉祥如意。

在南传佛教的国家中，这部经典的教法被并入做人的习惯和日常规矩中，成为养成好品性与获得幸福快乐的指引。因为这部经不难理解，又是佛陀的基本教义，所以在缅甸、泰国和斯里兰卡的学校中都有传授。在缅甸，年轻人会参加《吉祥经》的考试，通过时，会授予他们文凭或奖赏，以鼓励他们将经典的学习运用在实际生活中。

《吉祥经》的开篇文字中，首先介绍了《吉祥经》的来历。

在古代印度，一群智者展开了一场"什么是真正的吉祥"的讨论，但是，当有人说出一个答案时，其他人又提供了另外的答案。有人说：闻到想要闻的，尝到想要尝的，碰触想要碰触的，就是吉祥；又有人说：看见瑞相或代表吉兆的景象，听见代表吉兆的声音，就是吉祥……讨论到后面变成了争吵，因为谁都说服不了谁。最后，他们的争吵惊动了忉利天的帝释天主，帝释天主也对这个问题来了兴趣，就在忉利天上也发起"什么是真正的吉祥"的讨论。最后天人们也吵了起来，因为，就连天上也找不到一种大家公认的、没有副作用、永无止境的吉祥。哎呀！究竟什么是真正的吉祥呢？天、人都没争出个结果，帝释天主也绞尽了脑汁。后来，他终于想到，有一个人一定知道答案，那就是释迦牟尼佛。于是，帝释天主就在午夜时分，独自前往人间，请教释迦牟尼佛。

由此——

"时已夜深，有一天神，殊胜光明，遍照园中"，来到舍卫国祇树给孤独园。

当时，佛陀就住在祇树给孤独园，这个园子的由来是这样的：给孤独长者，看中了祇园幽静雅致的环境，就想买来供养佛陀及比丘们。祇园主人祇陀太子戏谑地要求："听说你的钱很多，如果你能以黄金铺满此地就卖给你。"给孤独长者有很殊胜的福报，他可以看见地下的宝藏。给孤独长者依其福报，用黄金铺满了祇园，祇陀太子为之感动，说："既然您买地供佛，地就由您供养，树就算我供养佛陀吧。"给孤独长者后来在这块地上建了一座经堂供养佛陀和僧众，故此处名为"祇树给孤独园"。

那么，殊胜光明的天神为什么选择"时已夜深"才来请教佛陀呢？是因为午后、傍晚和初夜是僧侣面见佛陀、请教问题的时间；下午则是在家人面见佛陀的时间；而午夜时分，佛陀身边都没有人了，那时是天神拜见佛陀的时间。天人非常忌讳到人间来，因为我们人间太臭了，天人在离人间四十由旬的地方就觉得臭不可闻，就像我们遇到乡下的粪缸一样，还没有靠近，就避之不及了。所以，这个天神要等到午夜时才去请教佛陀，因为佛陀有无量的妙香，而午夜时，佛陀身边正好没有凡人。

于是，天神——

"来至佛所，恭敬礼拜，站立一旁。"

在南传佛教中，有一种说法，认为帝释天神听完佛陀说法后就要赶紧回去，所以他不坐着。另一种说法认为帝释天神的物质特性非常微细，就像柔软的布料飘落地面一样，不能着地坐下，所以他站着。不过我们看到经文中说，他非常恭敬地礼拜佛陀，然后站立一旁，请教佛陀。这让我们想起了《孝经》中记载的，曾子请教孔夫子，也是避席而问，本来坐着的，都要站起来请教问题。天神、古圣先贤都是如此地尊敬师长，而我们现在很多人不太讲礼貌，请教问题还跷着二郎腿。其实，恭敬的态度是求学的起码条件，今之学者当从经典中首先学习虔敬的心态、恭敬的礼仪。

"以偈白佛言："

天神请教佛陀时，表达方式也非常有水平，就像中国古代的诗词一样，非常简洁，非常优雅。

"众天神与人，渴望得利益，思虑求幸福，请示最吉祥。"

天神代表一切天人与人类向佛陀请教：人间和天上都渴望得到利益，但就像中国古人讲的有利必有害，所有能够想得到的利益，其实都是有一定的副作用。到底什么是没有副作用的利益呢？这就是天神代表天人与人类请教佛陀的第一个问题。

"思虑求幸福。"每个人都想得到幸福，什么是真正的幸福？这也是我们人间争论不休的一个问题，是到目前为止还没有得到正确答案的一个问题。很多哲学家、诗人、文学家都在讨论什么是真正的幸福？我们在网上搜一搜，会搜出成千上万的文章来，但是也没有一个最终公认的定论。

最后，天神"请示最吉祥"，不是一般的吉祥，而是最吉祥，请佛陀告诉我们答案。

一般的吉祥都是有副作用的，这些吉祥得到后又会带来更多的痛苦。所以请佛陀告诉我们，什么是没有副作用的、无比的吉祥。

天神问的问题，都和我们每个人息息相关。试问，谁不想得利益？谁不想要幸福？谁不想吉祥如意？所以，这部《吉祥经》多么重要！能学到这部经，我们还真得感谢帝释天神呢！

好比说"君子爱财，取之有道"一样，每个人都想得到的利益、幸福和吉祥，是否是通过正确的"道"而获得了呢？事实上，大多数的人都没有找到这条"道"。

在缅甸，人们认为猫头鹰的声音是吉兆。如果一只猫头鹰光临你的房子，并且发出叫声，那么就预示着你将会得到某些吉祥的东西，因此，有些人说这就是吉祥。这样的迷信思想在各国各地都有。

在中国，有的人特别相信算命和风水，做任何事情先要打一卦算算，到任何地方先要看看风水，甚至取什么名字都要在网上测一测，看看分数好不好，以为这样就可以规避凶险、获得吉祥。

可事实上，古今中外所有的帝王将相及所有的富翁，有哪一个是靠看风水看出来的？是靠算命算出来的？如果算命先生、风水师能够让人吉祥，那他们应该是最吉祥的，可事实相反，往往算命、看相、看风水的，生活都很困难、都会有些缺陷，试问，他们又怎么能帮别人改变命运呢？

印光大师在《复昆明萧长佑居士书》中曾经这样说过："堪舆家言，何可为准。若如所说，则富贵之人，永远富贵，何以高门每出饿殍乎？世之最有力能得好地好宅者，莫如皇帝，何皇帝每多寿短？世人不在心上求福田，而在外境上求福田，每每丧天良以谋人之吉宅吉地，弄至家败人亡，子孙灭绝者，皆堪舆师所惑而致也。试看堪舆之家，谁大发达，彼能为人谋，何不为己谋乎？"大师一针见血地告诉我们，看风水的人非常发达的有没有？做皇帝的有没有？一个都没有。他能够帮助别人发达，为什么不帮助自己发达呢？他能算命、能帮别人预测，为什么不帮自己预测呢？所以我们要明白，算命看相并不能帮助我们吉祥。

什么是真正的吉祥？怎样才能获得真正的吉祥？这是关乎我们每一个人的人生大事！

于是，慈悲伟大的佛陀以无边的智慧，流露出以下殊胜的教言，每一句经文都包含着无量的智慧。在精要简短的十一首偈颂中，佛陀告诉了我们三十八种吉祥如意的方法。

本书将要为大家展开介绍的，就是《吉祥经》中佛陀授予我们吉祥如意的三十八个秘诀。

如果能够去理解、去修持、去落实这些方法，我们的人生就一定能够吉祥如意。

如果我们每一个人都吉祥了，整个家庭就一定吉祥；每个家庭都吉祥了，整个城市就一定吉祥；每个城市都吉祥了，整个国家就一定吉祥；每个国家都吉祥了，整个地球就一定吉祥！

每一个众生都唯求离苦得乐。从古到今，诸佛菩萨、古圣先贤、儒释道三家的圣人，开示了四书五经、《道德经》及佛法八万四千法门、三藏十二部的经典，都是为了让我们能够离苦得乐。在佛陀开示的八万四千法门当中，有专门为出家人开示的解脱之法，也有专门为在家人开示的解脱之法，这两条路都同样通向解脱的彼岸。

佛陀针对在家居士的开示，契合了我们生活在现实社会中的很多实际情况，是为我们在家生活、工作、修行而开出的特殊秘方。

《吉祥经》就是一部涵盖在家出家教法的经典，经中所说的每一种方法，都是在帮助我们同时获得暂时与究竟的吉祥，帮助我们拥有幸福美满的人生和究竟圆满的觉悟。

《吉祥经》的智慧告诉我们，不需要脱离工作生活，完全可以用佛法的智慧把工作做得很好，把生活过得很好，并在工作和生活中修证佛法的智慧。

《吉祥经》中揭示的三十八种吉祥的秘诀，概括了做人做事的方方面面，我们依之而行，便无往不胜、无处不安、无时不顺。

这些吉祥不会自动或仅仅借着祈愿而来，要靠我们身体力行地去实践。对于佛陀的每一句教言，我们踏踏实实地"学一句，懂一句，做一句"，最终我们就会持有这些好品行，我们就会拥有这些吉祥。

在汉传佛教《大藏经》中《法句譬喻经·吉祥品》也有类似的内容。尼犍梵志，来到佛前问了同样的问题，佛的回答也大致相同。

一、远离众愚迷

在南传佛教中认为，"众愚迷"意指那些做坏事、说坏话、存恶念的人，他们不懂善恶，颠倒是非、赞叹恶行、讽刺善行，甚至教唆他人行恶。佛陀告诫我们，不要与他们为伍作伴。如果远离他们，我们就不会做出邪恶与无益的行为。这就是一种吉祥。

世尊开示的三十八种吉祥的秘诀，第一条就是"远离众愚迷"。

"心随境转，是名凡夫。"我们凡夫最大的特点就是没有定力，容易受环境影响。今天看韩剧就哭得唏哩哗啦，明天看恐怖片又吓得毛骨悚然；今天听到感人故事热泪盈眶，明天听说社会不公又义愤填膺；本来平静地享受下午茶，来了个朋友诉说烦恼，说到后来，两个人都烦不可耐。难怪有资料统计，心理咨询师是自杀率较高的职业，没有相当的定力，谁的心能长期接受别人倒的垃圾？

古人讲："近朱者赤，近墨者黑。"如果我们和一些不务正业的人在一起，就很可能走上邪门歪道；如果我们常常和烦恼痛苦的人在一起，就很难喜悦开朗；如果常跟愚痴迷惑的人在一起，我们也会变得愚痴迷惑。所以，佛陀所说的三十八种吉祥如意的方法里，第一条就告诫我们"远离众愚迷"，就是说我们首先要保护好自己，避免受不好的影响。

所以择友非常重要，和什么样的人相处非常重要。在我们自己还是一个心随境转的凡夫时，不懂得择友会非常麻烦。

《弟子规》里说："小人近，百事坏。"

《朱子治家格言》云："狎昵恶少，久必受其累；屈志老成，急则可相依。"

选择益友，还是损友，这一点至关重要。

如果跟德行智慧超过自己的益友交往，则自己也会"德日进，过日少"；如果每天交往的都是些德行智慧低劣的损友，那我们就会受到不好的影响。

交友应该交什么样的人？《禅林宝训》里面有专门的开示：

"演祖曰：古人乐闻己过，喜于为善，长于包荒，厚于隐恶，谦以交友，勤以济众，不以得丧二其心，所以光明硕大照映今昔矣。"（译文：法演禅师说：古时有德行的人，乐意听别人指出自己的过错，喜欢做各种善事，能以宽宏的度量去包容一切，能以仁慈厚道的心赞扬他人的好处而不宣扬他人的缺点，能以谦恭有礼的态度待人交友，能勤勤恳恳地帮助他人、匡救时世，而且又不以得失改变自己的心志，所以他们光辉伟大的形象，永远照映在古今人们的心中。）

"湛堂曰：学者求友，须是可为师者。时中长怀尊敬，作事取法，期有所益。或智识差胜于我，亦可相从，警所未逮。万一与我相似，则不如无也。"（译文：湛堂禅师说：修行人寻求道友，必须选择品学兼优、足可以为我效法的良师益友。有这样的良师益友，理当对他们常怀尊敬，凡待人处事以及自身修养等各方面都可以向他们学习，以期使自己的道业有所进益。退一步说，其智力见识稍微胜过我的，也不妨与他往来，以警策自己所不及的地方。如果各方面都与我一样，甚至比我还差劲，这样的道友还不如没有更省事。）

《吉祥经》告诫我们要"远离众愚迷"，首先我们要知道愚痴的标准是什么，什么样的人是愚痴的人。

在十恶业里面，最后三种恶业是贪、嗔、痴，其中痴的定义就是邪见，就是没有正确的见解。所以，没有正确见解的人就是愚痴的人。

正确的见解有两个部分：第一部分是取舍的智慧，就是深信因果；第二部分是洞达事物本质的智慧，就是空性的智慧。

正确的见解最基本的标准就是懂得因果、相信因果。不懂得因果就不懂得取舍，不知道什么该做，什么不该做，这就是愚痴。比如说，我们为什么会抱怨？为什么会嗔恨？因为不懂得因果。我们为什么会去伤害他人？也是因为不懂得因果。不懂得因果就不会正确看待事物、抉择行为，就会不断种下负面的因、痛苦的因，这就是愚痴的人。

如果一个人相信因果，这个人就是有智慧的。因为他通过抉择因果，就可以选择做正确的事情，就可以掌握命运，就可以离苦得乐。智慧的人一定会遵循因果，而不会去伤害任何人。

所以，我们判断一个人是不是愚痴的人，最基本的就是要看他是否懂得因果、深信因果、具有取舍的智慧。有了这个判断的标准，心里就会比较清楚哪些是智慧的人、哪些是愚痴的人。在自己还没有足够的定力和影响力时，智慧的善友要多多亲近，愚痴的恶友要暂时远离。

掌握三十八种吉祥的秘诀，最重要的方法就是力行。学习了"远离众愚迷"，我们就要谨慎抉择交友的标准，远离那些充满邪见的愚痴人，避免自己和他们一起愚痴、一起堕落。远离这些不吉祥的因缘，是我们一切吉祥如意的开始。

也许有人会提出质疑：这样是否不够慈悲？要知道，佛陀教我们远离愚者并不是让我们舍弃慈悲，但真正的慈悲一定需要智慧。我们无须怀疑佛教的慈悲，宇宙间又有什么人能有佛陀"割肉喂鹰、舍身喂虎"的慈悲！佛陀以他洞彻宇宙的圆满智慧，教示我们的三十八种吉祥的方法，每一种都源自对一切众生的慈悲。

一位智者曾经做过这样一个比喻：一壶开水想要融化冰天雪地，最后不仅只融化了一小块冰，而且连自己也结成了冰。所以，慈悲的同时，需要智慧，还需要力量！

对于愚者，远离他们并不是舍弃他们，也不是对他们没有慈悲心，这是一种对自己和他人都有的慈悲心。就像两个水性都不好的人挣扎在苦海里，难道互相扯着一起沉溺而死就是慈悲吗？肯定不是！首先我们自己应该努力爬上岸去，然后再想办法去救同伴，这才是智慧的慈悲。所以我们远离众愚迷，并不是喜新厌旧，也不是舍弃众生，而是首先应了解自己的水平。如果自己都还是愚者，怎么能够帮助别人？所以首先我们保护好自己，努力使自己先觉悟了，然后才能帮得了别人。

《妙法莲华经·安乐行品》里的"第四安乐行"叫"誓愿安乐行"，就是说，虽然我们现在还没有能力去帮助众生，但是我们要发愿，等成佛后一定要去帮助众生。

对于愚者，我们要心存慈悲、敬而远之，千万不要看不起他们，更不要说他们的坏话。

愚者并不是本性不好，"人之初，性本善"，每个人都有佛性，我们应该对他们尊敬；但是"人不学，不知义"，没有善知识的教导，没有学习智慧，就会变成迷惑颠倒的愚痴人，包括我们也是一样。所以，我们更要对他们慈悲，要发愿等我们以后成为真正的智者，我们一定要去帮助他们。

"远离众愚迷"被列入三十八种吉祥的首位，说明这一点极为重要。中国的古人也告诫我们要远小人、近君子。《弟子规》说："能亲仁，无限好，德日进，过日少"，每天亲近德行智慧比我们好的人，就会增上德行和智慧、减少过失和愚痴，我们就和吉祥携手同行；"不亲仁，无限害，小人近，百事坏"，如果我们每天结交那些没有德行的人、愚痴的人，害处将无穷无尽，事事都会衰败，我们就会和吉祥背道而驰。

🪷 二、亲近诸智者

智者意指做好事、说好话、存善念的人。智者能够选择正确的人生道路，懂得什么样的行为能带来今生来世的利益，并且会给我们忠告、引领我们学习成长、帮助我们增上福德。亲近智者，我们就不会犯错误、造恶业；亲近智者，我们就会增长智慧、积累善业、趋向吉祥。

一段普通的木头顺着山间的河流来到了一片旃檀树林中，日复一日，年复一年，旃檀树的气息熏染着这段枯木。若干年后，它的周身从里到外都散发着旃檀的香气，终于被人们发现，当做宝贝请出了山林。这个寓言故事似乎就在诉说《吉祥经》中所讲的第二种吉祥如意的方法——"亲近诸智者"。在佛教中，智者又称为善知识。

就像一个人生病一样，如果是水源污染造成的病因，那么首先要远离这个污染的水源，先要把病的原因去掉，这就是"远离众愚迷"。试想上面的那段木头，如果不凑巧来到的是粪坑，那它的结局又会是怎样？所以第一重要的是远离众愚迷。但仅仅是去除病因、离开不安全的环境还不够，要想身体恢复健康、保持健康，就必须找到另一股清净优质的水源，来滋养受伤的身体，这就是"亲近诸智者"。清净的水源可以滋养我们的身体，而真正的智者可以滋养我们的生命。

既然我们是心随境转的凡夫，要想吉祥，就要接受好的影响，我们要多多亲近善知识，常常和智慧超胜自己的良师益友在一起。印光大师在《德育启蒙》中说："师严道尊，人伦表率，道德学问，是效是则。"在亲近善知识的过程中，自然而然地就可以"养我蒙正，教我嘉谟"。在善知识的智慧熏陶下，我们也会渐渐成为有智慧、有德行的人。

"亲近诸智者"是我们人生非常重要的一课。首先，我们需要了解什么是真正的智者。

智者必须真正具足正见。正见有两种：一种是因果的正见，相信因果，遵循因果，知道什么事情应该做、什么事情不该做，这是懂得取舍的智慧；第二种是能够洞达一切诸法的本质，了达空性的智慧。具足这两种正见的人，才可以叫做智者。

智者是有标准的，不是谁都可以称为智者。在这个世界上，学富五车的学者是不是一定是智者？不一定。要看他是不是相信因果、能不能了达空性。为人师表的教授是不是一定是智者呢？也不一定。如果没有取舍的智慧、空性的智慧，他的生活可能也是烦恼一大堆。

真正的智者，是能够通过闻思修行，洞达佛法的正见，了解因果的道理，了解空性的道理，而且能够去实践，这种人就是智者。

当我们自己还不具足这两种智慧时，会有很多的迷茫和困惑，就像雾里看花、水中望月一样，很多的假象在眼前纷纷扰扰，很多条岔路不知去向何方。可能一糊涂、一失足，就会使我们的人生经历诸多坎坷和痛苦，甚至走上不归路。如果我们及时地去请教智者，借着智者的慧眼，就可以把一切看得清清楚楚，明明白白，真真切切。跟随着智者的脚步，我们就可以走在人生正确的道路上，一直走向光明和吉祥。

《华严经》云："佛法无人说，虽慧莫能了。"佛法如果没有人讲解的话，我们再有智慧也不可能真正了解。这就是为什么要亲近诸智者。亲近智者可以帮助我们增长智慧，抉择什么该做、什么不该做，帮助我们的人生趋吉避凶。

"亲近诸智者"是慈悲伟大的佛陀赐予我们的第二个吉祥如意的秘诀。

但是，要掌握这一秘诀，关键还在于"亲近"二字。怎么去亲近？这个问题大有学问。

很多人觉得自己和佛法有缘，对中华传统文化也有兴趣，但是却没有学习的主动性。早就听说"孝道"是一切德行的根本，很多人因此走上幸福的通道，可自己却好像事不关己，只是在一旁观望。今天碰巧有高僧大德的讲法，"去，还是不去？"想想，"反正免费，我又无聊，听听也无妨"。这样的态度是不可能学到智慧的。古人有句话叫"求知若渴"，学习圣贤的智慧要像久旱的大地渴求甘霖般，求道之心愈是迫切，愈是能够从中汲取到丰富的营养。

中国古代很多的学子、很多的佛弟子，为了求学求法而踏上征程，千里迢迢、排除万难，留下了很多尊师重道、勤苦求学的千古美谈。唐之玄奘大师"西天取经"，宋之杨时"程门立雪"，禅门二祖慧可大师"断臂求法"，还有米拉日巴尊者依师苦行等数不胜数的真实公案，也都在诠释着"亲近诸智者"应有的态度。

所以，"亲近"是指我们积极主动地去亲近，怀着恭敬渴求的心去亲近。

不要期望你闲坐在家里，佛会来敲门推销佛法，那是不可能的，佛法是要靠自己去求的。不是佛陀的姿态高，而是佛陀对人性的弱点非常洞悉。如果没有希求之心，就像房屋紧闭着门窗，即使真佛在你面前，光明也无法透进一丝。如同你不想要的时候，上门推销者常常会被你拒绝。

人们的通病就是这样：容易得到的，往往就不珍惜，失去时又追悔不已。这就是我们人性的弱点。

学习佛法，没有希求之心是无法得到真实利益的，所以，如果没有特殊的因缘，佛陀一般不会上门去推销佛法。佛陀会以各种方式引发我们的希求之心，当我们真正以希求之心去求法时，才把尊贵的佛法传授给我们。这时，我们才能够真正去领受、去珍惜，真正去落实、去修行。如果不是这样的话，效果就不好。

现在的很多孩子也是这样，他们不知道父母亲为了他的教育、他的前程，花了多少心血，特别是要进好的学校，要花更多的钱。做父母和老师的，一心就只想孩子好，可是如果孩子不懂得知恩、感恩、报恩，就不会去珍惜，这是非常可惜的事情，白白辜负了父母、老师的心血，白白浪费了大好的时光，这都是没有智慧啊！如果有智慧，我们就会懂得感激父母亲和老师点点滴滴的恩德，就会非常珍惜每一次的学习机会。如果能这样，学习的效果就会好，最终受益的还是自己。

三、尊敬有德者

这里的"有德者"包括长辈、父母亲、老师、善知识，包括我们身边所有德行智慧超过自己的人，包括佛法僧三宝、历代圣贤，这些都可以称为"有德者"。如果我们能尊敬这些具有智慧和德行的人，就可以得到他们所赐予的智慧教诲，我们的人生就可以少走很多弯路。而且当我们礼敬供养佛、法、僧、历代圣贤、善知识、父母、老师和年长者时，将会在四个方面得到增长：寿命、容色、快乐、力。

一个人有没有福报，就看他能不能尊敬有德行的人。一个人能够尊敬有德者，他就会得到贵人相助。没有有德者的引领，我们的人生要么在激流险滩中摸着石头过河，要么在迷失的森林中摸索出去的路。很多人一生历经千难、受尽万苦，最终可能才得到一个经验；很多人誓愿把失败当做母亲，在东西南北墙上撞了一次又一次，最终也没能撞出成功；还有很多人摸索了一辈子都没悟出一点人生真谛，天天活在痛苦抱怨中。而人的一生能承受多少风雨？又有多少年可以荒废？其实，只要那些有德行、有智慧的人告诉你一句有用的话，就可以少走许多弯路，甚至在很多关键时刻，得以悬崖勒马。所以，是在独自摸索中迂回辗转，还是在明人引路下直踏通途，关键就在于你是否能"尊敬有德者"。

当内心生起了对有德者的虔敬尊重之心，我们还要懂得去学习。中华五千年的历史留下了璀璨辉煌的传统文化，古圣先贤的教诲凝聚成智慧的宝藏，从中，我们可以学到五千年历史中得失成败的经验，学到蕴含在宇宙人生中不变的规律。但是，在浩如烟海的文化典籍中学海行舟，还必须有引航的灯塔、可靠的舵手，这就是善知识、老师。只有依止他们，我们才能辨别方向，避过险难，收获成功，到达彼岸。在如此博大精深的传统文化学习中，是很难靠自己的力量自学成功的。真正的善知识，正是从彼岸循原路回来带领我们的人，没有什么可以替代善知识的经验和力量。

中国有一句古话："不听老人言，吃亏在眼前。"如果我们能得到有经验的长者、有智慧有德行的良师宿德，以及诸善知识、古圣先贤的提携引领，人生就会少一些弯路，学习就会有很多捷径。如果都靠自己一步步去做试验，不仅会费尽周折、痛苦万分，而且还不一定能得到正确的结果。如果没有"智者""有德者"传授圣贤智慧，我们的人生要想吉祥如意是很困难的。

由此可知，"尊敬有德者"的确是非常重要的一个吉祥秘诀。我们看到，在其他一些儒释道经典中，古圣先贤也留下了很多类似的教言。

《文昌帝君阴骘文》云："善人则亲近之，助德行于身心；

恶人则远避之，杜灾殃于眉睫。"

《关圣帝君觉世真经》云："亲近有德，远避凶人。"

《妙法莲华经》云："于十方诸大菩萨，常应深心恭敬礼拜。"

我们为什么要孝顺，也是这个道理。孝顺里面包括孝亲、尊师。在儒家的《孝经》、佛教的《地藏经》中都深刻阐述了"孝亲尊师"的大智慧。

《地藏菩萨本愿经》被称为"佛门的《孝经》"。地藏，其实有一个深刻的含义。众所周知，地球上所有的金、银、钻石等最好的宝贝都在大地里面，大地蕴藏着无穷的宝藏，所以称为"地藏"。其实，每个人心里面也都蕴含着无穷的宝藏。《华严经》中说："一切众生皆具如来智慧德相。"我们每个人都有像佛陀一样无穷无尽的智慧和功德，但是为什么我们现在却变成迷惑颠倒、轮回痛苦的凡夫呢？因为我们内心中无穷的宝藏没有被开发出来。

《地藏经》里有一把可以打开我们心中宝藏的钥匙，这把钥匙就是"孝亲尊师"。做好"孝亲"，可以把我们内在的福德开发出来；做好"尊师"，可以把我们内在的智慧开发出来。

一个真正懂得孝亲尊师的人才是最聪明的人！

对于什么是聪明，现代人的标准都颠倒了。现代人讲聪明，往往指心眼比较多。还有些人认为，智商高就聪明，还有专门测试智商的。但是，心眼多、吃大亏的有没有？智商高、犯重罪的有没有？比比皆是！很多所谓的"聪明人"把心眼和智商用错了地方，不仅危害了社会，也使自己的人生一败涂地、痛苦不堪，这难道是聪明吗？

真正的聪明，中国古人称为"耳聪目明"。什么叫耳聪目明？孔夫子在"君子九思"里讲到"听思聪，视思明"，是说，君子应该有九种智慧，其中听思聪是指"听"的智慧，就是"听话"要会"听音"，听人讲话要能听出他背后的需求。

比如说，我们在家侍奉父母，父亲说："哎呀，我今天腰有点酸。"那我们就要听出老人家这句话背后的需求，不能听过就算了。如果有"听思聪"的智慧，听了后就会去思考，老人家讲这句话代表什么？是不是累了？是不是生病了？我们应该做些什么？然后可以进一步关心，老人家这个酸是什么样的酸法，是什么时候开始酸的。如果睡了一觉早上起来还是酸，那就是有病了；如果因为前面刚搬完东西有点酸，睡一夜第二天好了，那就没有问题。所以，我们听了老人家的话，之后会去想、会去做，这个叫听思聪，这就是真正会听了。

看也是一样，要有"视思明"。看到了以后，要会去想、会去做。比如我们要会看父母亲的脸色，今天看到老母亲脸色很不好，就要想：是不是疲劳了？是不是生病了？是不是碰到不高兴的事情？进一步观察，看看老人家休息后有没有好转，如果休息一下脸色恢复了，那说明问题不大；如果她休息后，第二天起来脸色还是很不好，就要好好看看是不是生病了；如果发现老人家有什么心事，就要想办法开导她，跟她沟通，这个叫视思明。

我们承事师长时，也要"听思聪、视思明"，用心去观察师长的需要。看到了、听到了，要会思考，不能大大咧咧、心粗眼翳。比如说，看到老师写黑板，都已经写了满满一黑板，找不到写字的地方了，这时就要想到应该帮老师擦黑板，这就叫视思明。

君子之所以能有听思聪、视思明的智慧，是因为时时把心放在他人身上，真正地做到爱敬存心。古人有很多孝亲尊师的故事：黄香冬温夏清，吴猛恣蚊饱血，老莱子戏彩娱亲，张良圯上敬履，更有佛陀因地弃舍王位依止阿私仙时，"乃至以身而为床座，身心无倦，于时奉事，经于千岁"。

如果我们也能尊敬有德者，那我们终将开发出内心的无尽藏，人生一定会无比吉祥。

❀ 四、居住适宜处

这里的"适宜处"是指有佛法的地方。在哪里你能闻法、行善、禅修，能够使你增长福德，获得现世和来世、世间和出世间的利益，乃至得证涅槃，这样的地方就可以称为适宜处。对于想修习智慧、获得吉祥的人，住在适宜处是很重要的。

具足圆满智慧的佛陀正是看到我们凡夫心随境转的特点，所以前三种吉祥都是在教导我们如何远离坏的影响，主动接受好的影响。尽管在儒释道传统的智慧中都非常强调这一点的重要性，然而我们很多人往往在这"吉祥的起点"上就输了。很多人是输在对这一大智慧的忽视，还有很多人是输在对自己的高估。"君子贵在有自知之明，然善知人而不善自知也。"凡夫还有一个共性，就是看得清别人，看不清自己，总以为自己有超凡的能力，可以尝试不按圣贤教诲去行事，直到碰得头破血流、绕了个大弯子回来，才知道束之高阁的原来真是珍宝。所以《格言联璧》中说："以圣贤之道教人易，以圣贤之道治己难。"佛陀已经教给了我们吉祥如意的秘诀，能不能依此而获得吉祥如意的人生，关键是要靠自己去力行。

懂得了"人"这个重要因素对我们的影响后，我们还要了解"环境"因素对我们的重要性。接下来，佛陀为我们开示了第四种吉祥如意的方法——"居住适宜处"。

"居住适宜处"指的是居住在非常吉祥的地方。既然我们很容易受影响，所以选择居住的环境非常重要，要选一个好的环境来影响自己。

现在，全世界都在评比哪些地方是最适合人类居住的，还评出了世界十大宜居城市、中国十大宜居城市等等。从什么是宜居处的定义来看，无论是现代人还是古代人，评判的要素无外乎是自然环境和人文环境两个方面，不过评判的标准可能大相径庭。

良好的自然环境可以怡养人们的性情，如果能住在山清水秀的地方，不仅对健康有利，心境也会变得清雅愉悦。古代的书院、寺院都是建在静谧清净、环境优美的风水宝地。外面是葱郁的山林、潺潺的小溪，里面是园林亭台、鸟语花香，在晨钟暮鼓、朗朗书声中，形成一种天人合一的自然环境，在这样的环境心情自然就会恬静开朗，学习起来效果自然也会非常好。从唐宋以来，一些历史有名的书院不仅培养出很多优秀人才，至今更成为向人们展示中国古代文化的名胜古迹。比如湖南岳麓山的岳麓书院、江西庐山的白鹿洞书院、河南太室山的嵩阳书院等等，人们来到这些青山环抱的书院参观时，不禁对古人的学习环境心驰神往。而现在的人们大都喜欢居住在高楼林立、霓虹闪烁的繁华都市中，甚至很多学校都建在商铺环绕的闹市区里，外面是嘈杂喧闹的人群和车流，里面是现代大厦鸽笼一般的教室，在这样的环境中，学习的心情、效果又会是怎样？

古代"孟母三迁"的故事，就是在讲孟子这位圣人是怎么培养出来的。孟子有一位好母亲，为了让他从小的成长有适宜的环境，而不惜三次举家搬迁。第一次是住在墓地旁，小孟子就天天和小伙伴学着玩哭丧送葬的游戏，孟母曰："此非所以处子也。"于是搬去市集，小孟子又学着如何做买卖的样子，孟母曰："此又非所以处子也。"于是又搬家，可是不巧邻居是屠户，小孟子又学着玩杀猪的游戏，孟母曰："是亦非所以处子也。"只好第三次搬家，终于搬到了学宫旁，小孟子从此天天识字读书、学习礼仪，孟母这才放心地说："此真可以处子也。"连孟子这样伟大的圣贤，小时候都同样受环境影响，可见居住适宜处对我们每一个人来说都不是件小事情。如果我们也能够选择居住适宜处，则可以培养良善的性情，陶冶高尚的情操，获得吉祥的人生。

除了自然环境外，人文环境也很重要。前面的三个吉祥都在告诉我们识人、交人的道理，所以，如果我们居住的地方有比较多的良师益友，能常常亲近智者、有德者，那么这就是好的环境、就是适宜处。

《禅林宝训》云："是故学者，居必择处，游必就士。遂能绝邪僻、近中正、闻正言也。"（译文：因此，对于一个学道的人来说，必须选择有益于自己修学的道场去居住、选择品学兼优的人交往。这样才能避免接触偏邪怪僻的人，得以接近善知识听闻正法。）

想要让自己的孩子成为圣人，选择居住的地方的确非常重要，但却并不是我们想住哪里就可以住哪里，关键还要看自己有没有福报。只有具足福报，才能随心所欲、心想事成。福报越大的人越有自由，福报越小的人越没有自由。所以，佛经里讲要福慧双修。只有智慧没有福报的话，就可能出现这种情况：你明明知道哪些是吉祥的事情，但你就是没有办法做到。就像你今天学习了《吉祥经》，已经了解了获得吉祥的智慧，但是能不能做到呢，这也得看你有没有福报。

所以，居住适宜处也不是那么容易的，我们要慢慢地朝这个方向努力。比如说，通过自己积累福报，我们能够更多地跟良师益友在一起。我们不一定能够长时间跟良师益友居住在一个地方，但是可以努力创造条件，先是一年中能有一天、一星期与良师益友在一起学习，再慢慢争取一个月、一年……当我们越来越有福报的时候，我们就越来越能够有条件"居住适宜处"了。

如果环境很不好，人就会受到不良的影响，所以我们要尽量离开不适宜的地方。《弟子规》说："斗闹场，绝勿近；邪僻事，绝勿问。"特别是小孩子，他们像海绵一样正在吸收外面的信息。如果我们给他好的环境，他就会吸收正面的信息；如果我们给他一个不好的环境，他吸收的就是负面的信息。在现在这个时代，还有一种影响力非常厉害的东西，就是手机、电视与网络。很多母亲都可以效法"孟母三迁"，给孩子创造成长的适宜处，但却无法将手机、电视和网络屏蔽在孩子的世界之外。很多孩子沉浸在网络游戏的虚拟世界中无法自拔，很多孩子被不良网站引上了邪路，很多孩子玩物丧志浪费了时光、消磨了志向，很多孩子受到各种不良信息的污染而扭曲了人生观、价值观……在现代科技带来的信息洪流中，母亲们眼看着孩子们沉溺其中却束手无策。怎么办？家里不装电视、不开通网络？可是他可以去网吧、可以去同学家，甚至拿起手机一连就连上了整个世界。这个社会、这个时代，要想完全杜绝手机、电视和网络的影响，实在太难。对于孩子来说，手机、电视、网络的诱惑实在太大了，单纯靠压制是压不住的。

既然我们无法完全隔绝这些不良的外界因素，那么我们就要趁早给孩子练就一身"内功"——从小就给孩子培养一些正确的观念，教会他怎样去面对手机、电视、和网络。

要给孩子树立正确的判断标准，最好的方法就是让他从小读圣贤书。读圣贤书可以让孩子明是非、懂道理，建立正确的价值观。在圣贤智慧的引领下，孩子就能自己判断这个电视节目演的是好事还是坏事，这个网站该看还是不该看，这个才是从根本上解决问题。否则，人都有好奇心、都有逆反心理，你说不能看，他却偏要看，管得住他一天，管不了他一辈子。

能够保护孩子一辈子的就是他自己心中正确的见解。只有他自己明白了什么是对、什么是错；什么事情可以做，什么事情不能做，做了会有什么样的结果，这样他才能够自觉抵御外界环境的伤害，懂得自己保护自己。所以，为什么要带孩子学习《孝经》、学习因果法则；为什么要学习《弟子规》、学习《吉祥经》，就是这个道理。我们要慢慢培养孩子真正的智慧和德行，

33

让他自己懂得取舍，学会明辨是非，这才是最重要的。

当孩子真正明白了《弟子规》中"非圣书，屏勿视，蔽聪明，坏心智"的道理，他自己就会知道，不是宣扬圣贤之道的电视不能看，不是宣扬圣贤之道的网络内容不能看，否则会令自己变得越来越愚痴，最后身心都毁坏了；如果学习了《孝经》，孩子对父母的苦心教育就不会一言九"顶"，他就会懂得为父母着想，为了不让父母担心，而约束自己不去看那些污染身心的东西；如果我们的孩子学习了《吉祥经》，就会懂得远离不良的信息、愚痴的损友，懂得如何去亲近良师益友、学习智慧来获得吉祥。所以，如果想要保护孩子，让他们免于社会大环境的不良影响，最关键是要通过圣贤教育让他明白取舍的智慧，让他能够自己抉择做正确的事。

如果一个孩子从小获得了这种智慧，做家长的就可以收起遮在孩子头上的保护伞了。因为他不管走到哪里去，心中都会有一杆秤、一把伞，即使在不适宜的地方，也能将自己的身心保护在安全的范围内，这时做父母的就可以安心了。古人讲"子孝父心宽"。一个真正让父母亲安心、放心的孩子，就是真正的孝子，而当一个人能真正圆满孝道时，也就同时圆满了自己的人生，成为一个真正吉祥的人。

五、往昔有德行

"往昔有德行"是指过去世在佛陀、独觉、漏尽者面前听过正法，或积累过福德。因为过去生中修持过这个吉祥，今生就会享受这吉祥的果实。你会降生在吉祥的地方，遇见善知识，享受福报，修行善业。过去生中如果修行过佛法，今生会很容易证悟。

从字面上来理解，"往昔有德行"就是在过去曾经行持善行、曾经积累过善业。这里的"德行"具体是指哪些善行呢？就是奉行十善业，包括不杀生、不偷盗、不邪淫、不妄语、不恶口、不两舌、不绮语、不贪、不嗔、不痴这十个方面。这是通往人间与天上的善业，也是成佛的基础，是通往成佛之路必备的福德资粮。

在南传佛教当中，也具体谈到了十种善行：

第一种是布施，以财物对适当的人做布施；

第二种是持戒，约束自己的语言和行为，不对他人制造烦恼；

第三种是修行，禅修、诵经、静坐、阅读佛教的经典等等；

第四种是尊敬心，尊敬具有美德的人；

第五种是勤奋心，对善业尽力而为；

第六种是功德的布施，就是回向功德；

第七种是功德的随喜，随喜别人所修的功德；

第八种是听佛法的开示；

第九种是如果有能力，给别人开示佛法；

第十种是纠正错误的知见。

这十种善行也可以归纳成三大善行：第一是布施，驱除内心的悭吝，包括回向功德、随喜功德、给别人开示佛法，这里包括了财布施和法布施；第二是持戒，防范自己造下恶业，包括尊敬心、勤奋心；第三是修行，令我们增长福德智慧，包括禅修、静坐、诵经、听佛法开示等。纠正错误知见则包含在布施、持戒、修行里面。

因为宇宙的因果规律，曾经行持过的善业，会让我们未来获得相应的善果。例如：

如果过去生中不杀生、不危害生命、不虐待动物，我们现在就会获得健康长寿的果报；

如果过去做过很多布施的善业，那我们现在就会得到富贵；

如果过去能够经常布施食物，我们的身体就会非常地强壮、有力量；

如果过去生中能够守持戒律，布施过很多的衣物给众生，我们现在的皮肤就可以非常地美丽、光滑、细腻；

如果过去经常修持随喜心，任何人行善，我们都随喜他的功德，不嫉妒别人，那么就会得到权势，而且每个人都会对我们怀有善意，不会有嫉妒之心；

如果过去生中尊敬过很多值得尊敬的人，我们就会生在富贵的门第，得到高贵的地位；

如果过去生中，向很多的智者学习，闻思修行，而且能够不饮酒，我们现在就可以得到聪明智慧的果报。

往昔有德行还会给今生带来诸多便利的修行条件，例如生于非常好的家庭，居住在有善知识的地方，容貌庄严，诸根灵敏，有很好的学佛的环境，有良善的子女，等等。

往昔有德行中"德行"的果报，还呈现在以下四个方面：

第一是心灵方面的果报。

首先，心灵会更健康。行善的人一般会比较快乐，所谓助人为乐。"德行"的第一种效果就是行善后，内心马上就会快乐。在这个过程当中，心灵会平静、沉着、稳健，对他人的赞誉和评语，不会有任何的动心，心胸开阔，轻松快乐，内心比较健康，不会有什么心理疾病。所以，如果有心理疾病就要尽量多去行善，帮助别人。比如布施会"舍一得万报"，我们今天布施了，不仅未来会得到千万倍的果报，而且在布施之后的当下，内心马上就能得到快乐。

其次，心灵会更加有效能。内心会非常地清明，考虑周到，思路敏捷，条理清晰，思想会更加深邃高远，能够做出果断而正确的决定。

我们种下福德以后，在心灵方面马上就会有效果。越是行善的人，内心越是健康、越是快乐，智慧越会突显。

第二是在品格方面的果报。

如果勤于布施、持戒、修行，心就会非常平静、格外欢喜，睡得特别安稳香甜，没有忧愁，面目清秀，皮肤健康而有光泽，心中充满福德，不贪他人之物。

行善的人，贪欲会减少，不会给别人添任何的麻烦，只想帮助别人；行善的人，会拥有自信，品格高尚，行为端正，无论到哪里，举止都非常地适当、得体。

第三是在人生道路方面的果报。

我们的人生之路乃"业决定"，都是由前世和今生的善恶业所决定的，所谓"已造不失，未造不得"。如果我们有非常强大的善业，那么财富、地位、幸福、快乐都会不求自来。但是，业果的成熟有"时间滞后"的特性，所以在显现上，善、恶业与果报之间的关系是非常复杂的。我们今生做善事、造善业之后，后面的人生之路是否一定会平坦？答案是不一定。因为今后人生之路是否会非常地顺利，仍要取决于过去造过的善业和恶业。

因此，有时候我们真心诚意地造善业，但是因为过去恶业的果报成熟了，所以，我们可能也会暂时蒙受他人的污蔑，遭遇天灾人祸。如果不明白因果的道理，此时就会觉得造了善业却得不到好报，可能会对行持善业产生怀疑。其实我们感受到的恶报，是因为过去世的恶业成熟了，跟现在所造的这个善业并不相关。我们现在的善业并没有白做，它依然会存在。如果我们真的有信心，没有后悔，也没有产生邪见，那么所有的善业未来还是会成熟的。

因此，只要我们从此以后，非常认真地去积累善行、积累福德，不再造恶业，那么恶业的果报一定会越来越少，乃至消失，最后我们就会获得幸福和成功的人生。

第四是在社会方面获得的果报。

当我们尽心尽力去行持善业之后，无论处于哪个社会，善果必会令我们在社会上广受他人的尊敬，成为一个口碑非常好的人，并可以影响社会。我们的善行可以引导社会上的人也来行持善法，为社会带来繁荣与幸福，这非常重要。因此，一定要不断地去行持善业。

"往昔有德行"的"德行"非常重要。有德与失德、行善与造恶对我们的身心有巨大的影响。

如果我们每天造恶业，心情自然就会浑浊黯淡，所有的烦恼就会占领心灵，造成种种伤害。我们经常产生贪嗔痴，尤其嗔恨心生起时，心脏会剧烈地跳动，血液循环加速，怒气蔓延，会使皮肤粗糙、颜值下降。暴怒的人因为心情烦躁会出言不逊、会丧失理智，容易做出错误的行为。如果情绪不佳，还会引起消化不良。

如果我们经常行持善法、做好事，心灵自然就会清净、清明，烦恼自然就会越来越少。因为我们有智慧，所以知道取舍，知道什么该做、什么不该做。行善的人经常能够对自己有正确的约束，警惕自己不去行恶，所以心灵就是平静、清凉的，身体各个器官也能正常地工作，皮肤就会健康、有光泽，声音悦耳，举止端正，会对事情做出正确的判断。因此非常容易获得幸福和成功的人生。

那么，既然知道了福德、善行对我们这么重要，就千万不能忽略，一定要尽自己的力量，千方百计、持续不断地积累福德。

今天如果我们一切都很好，说明过去生中积累过福德。但是，过去积累了福德并不代表未来还能够持续地享受幸福快乐。就像农民，稻子收割了，获得了粮食和财富，如果不继续播种耕耘，那未来就不会再有收获。农民如果要想源源不断地收获粮食和财富，就必须持续不断地去种下新的种子。我们也是一样，如果想要源源不断地收获幸福快乐，就要不断地行善积德，种下福报的种子。

所以我们要尽量勤奋，不断地提升自己的智慧，提升自己的德行，积累种种的善行，这样就会成为一个福德深厚的人。

在日常生活当中，我们如何来积累福德呢？

第一，每天都要想到行持这些善行，包括以上所说的十善业和十种善行等。

首先，我们每天都要做一些布施。可以设立一个种子箱，发心为了利益众生而做布施。如果有因缘，就尽量做上供下施。

其次，我们每天都要守持清净的戒律，做任何事都能遵循戒律。

再次，我们每天要有一些修行，特别是早上醒来之后及晚上睡觉之前，能尽量地做一些禅修就比较好。当感到比较辛苦和疲劳时，可以做一些短暂的禅修，也是非常好的。

我们要经常这样去做，不要害怕任何的困难和障碍，不要因为有些困难障碍，就不去做这些善行了，要持续地、有耐心地、不断地去做。那么，点点滴滴的善行之水，最终是可以将功德的水缸装满的。智者如果勤于积功累德，福德自然会渐渐圆满。

我们行持善法、做好事，就会获得福德。在南传佛教当中还讲到，"往昔有德行"可以分成两种：第一是比较远的福德，第二是比较近的福德。比较远的福德，指的是我们过去生中所种下的福德；比较近的福德，就是从出生开始，一直到目前所积累的福德。这两种都叫往昔的福德。

过去生中比较远的福德，我们已经很难去判断，但是对于比较近的福德，比如从小行持善法，种下正面种子，认真学习佛法，结交良师益友，思想、语言、行为都遵循因果，我们会发现，长大以后的人生就会比较好，特别是对后半生会有非常大的利益。

所以从今天开始就必须要勤修功德，未来才能够结出善果，拥有智慧和福报，获得光明和幸福的人生。

佛陀也是如此，在过去生生世世当中积累了无量的功德，最后就可以成佛，利益众生。

所以，往昔有德行是一切幸福的来源，会给我们带来以下利益：

第一，很容易获得一些财物来作功德；第二，获得前面所提到的种种好处；第三，会让福德如影随形，直至证入涅槃。

所以，往昔有德行确实是非常重要！

　　我们看到有些人总是能够心想事成，想什么就成什么，做什么就成什么，这是什么原因？其实，古圣先贤早已经给我们揭示了答案。"欲知前世因，今生受者是，欲知后世果，今生作者是。"我们现在的结果是由过去的因决定的，未来的人生是我们现在所种下的因决定的。我们人生的遭遇都是有原因的。

　　由此可以推知，能够心想事成、吉祥如意的真实原因就在于往昔有德行。佛陀在《吉祥经》中告诉我们的第五个吉祥秘诀，就是让我们从今生的善恶果报去深刻认识因果的规律。如果能够深信因果，不断地去积累善业，就会永远吉祥。

　　《周易》云："积善之家，必有余庆；积不善之家，必有余殃。"意思是我们每天积累善业，就会有很多吉祥的事情发生；如果不断地积累恶业，未来就会有很多不吉祥的事情发生。

　　因此，当我们了解到获得吉祥的真实原因，就没必要去抱怨人生的种种不如意了。因为怪不得任何人，我们今天之所以不如意，不是别人造成的，那是因为自己过去累积了非常多的恶业。

　　为什么我们事事不顺利？因为以前负面的因种得太多了。如果有一种办法可以让这些种子不结果就好了，就可以不必感受不顺利的苦恼了。可是真有办法吗？答案是肯定的。在这些负面种子成长为果实之前，其实我们是有办法把这些种子给挖出来、破坏掉的。什么办法呢？就是修持佛法里忏悔的法门，比如念诵金刚萨埵心咒"唵班匝儿萨埵吽"。因为金刚萨埵佛发过愿，只要有人诚心向他求忏悔，并念诵这六字心咒，金刚萨埵佛就一定会帮助他净除所有的恶业。还有八十八佛忏、持诵准提真言等，都是非常强有力的净除罪业的法门。《佛说七俱胝佛母准提大明陀罗尼经》中说："受持读诵此陀罗尼满九十万遍，无量劫来五无间等一切诸罪悉灭无余。"

当我们修持忏悔的法门，将负面种子都清除了，正面的种子又不断地种下去，这样我们就可以越来越吉祥。所以，如果现在没有吉祥如意，那说明我们"往昔没有德行"，以前没有积累善业，我们要好好地忏悔和改过。如果未来我们想要吉祥如意，现在就要积累善业，要多种下正面的因。

《了凡四训》里面有这样一个故事：

从前有一户人家的女子，非常地贫穷。她到寺院里听闻了佛法后，知道现在之所以贫穷的原因，就是因为过去没有积累过财富的种子。她听了佛法后，发心一定要改变人生。因此她到佛寺，想要去做些供养，可惜身上只有两文钱，就全部拿来供养了。虽然只是微薄的两文钱，但寺里的首席和尚竟然亲自替她在佛前回向，代她忏悔。回去后，她果然改变了命运，进入皇宫做了贵妃。她之所以如此快速地改变命运，就是因为她发心非常猛厉，知道自己过去生中没有积累善业，所以现在才会遭受贫困。于是她猛厉地忏悔、发愿，把身上仅有的两文钱全部做了供养。这个钱虽然少，但是这个供养其实很大，因为是她全部的财富。那么由此，她就会迅速地改变业力，改变命运。

富贵之后，她便带了几千两银子来寺里供养。但是这位主僧，却只是叫他的徒弟替这位女子回向。这位女子不懂为什么前后两次供养的待遇差别如此之大，就问主僧说："我从前不过是供养了两文钱，师父就亲自替我忏悔。现在我供养了几千两银子，而师父不替我回向，不知是什么道理？"

主僧回答她说："从前你供养的银子虽然少，但是供养的心很真切虔诚，因此你以前两文钱的供养是非常圆满的善业，所以非我老和尚亲自替你忏悔，便不足以报答你供养的恩德。现在你供养的钱虽然多，但是供养的心不像从前真切，所以叫人代你忏悔也就够了。"

这个故事告诉我们，如果往昔我们缺乏善业，今生可能就会遭遇种种的不吉祥。如果明白道理之后真诚忏悔，努力积福，也会重新改造我们的命运。

我们再来看看，"往昔有德行"的吉祥秘诀在其他经典中有没有类似的教言？

《周易》云："善不积不足以成名，恶不积不足以灭身。"

《太上感应篇》云："故吉人语善、视善、行善，一日有三善，三年天必降之福；凶人语恶、视恶、行恶，一日有三恶，三年天必降之祸。"

古代医王孙思邈所著《福寿论》云："福者，造善之积也。"

《关圣帝君觉世真经》云："一切善事，信心奉行，人虽不见，神已早闻。加福增寿，添子益孙，灾消病减，祸患不侵。"又云："有能持诵，消凶聚庆，求子得子，求寿得寿，富贵功名，皆能有成。凡有所祈，如意而获，万祸雪消，千祥云集。诸如此福，惟善可致。"

通过"往昔有德行"这个吉祥秘诀，我们了解到命运吉祥与否的真实原因，即在于是否有"德行"。因此，我们只要持续不断、积极努力地去种下善因、积累福德，我们就能确信，明天会更好。这就是"往昔有德行"带给我们的启示。

六、置身于正道

　　我们应该有合宜的行为举止，对于自己的缺点和错误，要发愿努力改正。一个人应该藉由正确的行为、语言和心念，让自己走在正确的道路上。

　　大家知道宇宙是有规律的。如果我们能够顺应规律，就能吉祥如意；如果我们违背规律，就会遭到不好的结果。就像交通规则一样，人们遵守它，就会安全到达目的地；如果不遵守，可能就会出车祸，甚至车毁人亡。

　　佛陀说，要想吉祥，就要"置身于正道"，这个"道"就是宇宙的规律，简单来讲就是因果的规律。如果能够学习因果规律，遵循因果规律，就能吉祥。我们想要得到什么，就应该去种什么样的因。真正遵循因果的人会有求必应，真正遵循因果的人最快乐，真正遵循因果的人就是让自己置身于正道的人。

　　道，也可引申为规则。比如说，我们到了一个地方，要遵守这个地方的规则，这样就可以和大家和谐相处；到了公司，遵守公司的规则，就可以和同事和谐相处；到了学校，遵守学校的规则，就可以跟老师和同学和谐相处。

我们做任何事情，一定要合情、合理、合法。合情，就是要符合人情；合理，就是符合因果规律；合法，就是要遵守法律法规。这就是"置身于正道"，是我们能够吉祥如意的第六个方法。

当置身于正道时，我们的心就会很安。违法的人看到警察或听到警车的声音就会提心吊胆，好像是来抓他的一样，内心得不到安宁。所以最快乐的事是什么？就是我们能够遵循因果的规律、遵守团队的规则，大家和谐相处。

很多人认为规则是束缚我们的，有些人说："我想干嘛就干嘛。"这种人快不快乐呢？看起来好像是很快乐，其实一点也不快乐。为什么呢？因为到任何地方都不能与别人和谐相处，怎么能快乐？不能遵守团队的规则，就不能与这个团队和谐相处，谁都不喜欢你，你怎么会快乐呢？这是不可能的，很多人不懂得这一点。

其实恰恰相反，规则是用来保护我们的。为了让我们得到快乐，才要遵守规则，不遵守规则恰恰是不快乐的因。所有人都遵守交通规则，不管到哪里去，都可以安全、顺利地到达目的地。如果乱开车，你会安全到达目的地吗？不但会出车祸，而且还会害了别人。

所以，到任何一个地方，都要入乡随俗，要遵守当地的规则。我们到一个国家，遵守这个国家的法律法规，与这个国家的人和谐相处，你待在那里就会快乐，这是非常重要的。所以说只有遵守规则才能更加快乐。

佛陀守持清净的戒律，他是最自由、最快乐的，佛陀得到了彻底的自由、彻底的快乐。我们大家一定要记住，只有遵循"道"，才能够得到真正的自由；违背"道"，恰恰是最不吉祥、最不快乐的。

现在的人往往光听不做，希望大家不是这样的。今天学了"置身于正道"，就要在日常生活中用起来。

比方说，遵循因果规律，我们在生活和工作中该如何运用它来获得吉祥呢？

我觉得我的家乡宁波就有一个很好的风俗习惯，通过"过年吃年糕"的饮食文化来潜移默化地教导人们因果的道理。过年时，人人都喜欢吃年糕，为什么？因为喻意很好啊！吃年糕，年年高，一年更比一年高，多么吉祥！但是家乡的风俗规定，吃年糕时一定要和一种叫"亏"的食物一起吃，意味着"吃亏才能年年高"。因为"吃亏是福"，有了福，才能年年高，没有福气，怎么能年年高？老祖宗把这种智慧巧妙地隐藏在饮食文化中来教育后代子孙，真是非常地了不起，对后辈子孙真是无比地慈悲！所以，我们从小便知道一个道理，就是"吃亏才能年年高"。因此，我们碰到吃亏的事情就高兴，因为我们要年年高了，这个气就顺下去啦，否则就堵在胸口下不去，要烦恼好久。所以，佛法的智慧非常重要。

我曾去山西参观过乔家大院，它门口贴着三个字——"学吃亏"，也是教导自己的孩子要学吃亏。为什么要学吃亏呢？如果今天别人占了我们的便宜，按照因果法则——性质相同、方向相反的原理来分析推理，是因为我们以前占了别人的便宜，现在还回去而已。所以，吃亏应不应该？应该的。

我们不但应该甘心吃亏，而且还要主动吃亏。为什么呢？吃亏，说实话这叫还债。还债有没有功德？没有功德，你只是偿还你的债而已，应该的。但是如果你主动给予，这是布施，就不是还债了。未来你会因为布施，得到更多的果报。因此，千万不要等还债时被迫无奈地还，那多痛苦啊！而在他还没来讨的时候，主动出击，还给他。这样，他高兴，你更高兴，因为你不但还了债，而且种下了好的种子，这多好啊！

所以，因果规律学通了，你会非常地开心、非常地自在。给予不是失去了，就像钱存在银行里不仅没有失去，还有利息，你给任何人钱其实都是在存钱。为什么呢？《地藏经》云："舍一得万报。"你今天舍一，未来回报一万倍。投资回报率多高呀！

如果对三种福田——敬田、恩田、悲田投资的话，回报率会更高，那就不是一万倍了，是无量无数倍，这是不可思议的。所以，当你知道把钱给出去是在存钱时，你还会有痛苦吗？你不会有痛苦，你会暗自高兴。而且你越给予，越快乐。

所以，学习了佛法以后，我们的心就会完全转过来了。众生是颠倒，佛是觉悟。众生颠倒，所以就痛苦；佛陀觉悟了，所以"快乐无忧"（引自禅宗四祖道信大师所著《方寸论》："快乐无忧，故名为佛。"）。

有位朋友跟我讲了一个真实的案例：有对夫妻，在年纪很轻的时候赚了一大笔钱，从此就不干活，退休了。后来实在没事干，就跑去做好事，到处布施。到目前为止，他们是越给予、越有钱。他们的豪宅在台北故宫博物院的那座山上，已经很多年不干活了，但是却越来越有钱。像这样印证因果规律的案例，从古到今都有很多很多。

我刚开始学习佛法的时候，年龄很小，才读初中，还不太懂怎么做布施，怎么做供养。在寺院学习时，有位老居士就透露秘密，他说：你到外面去买一包盐，供养给寺院的厨房，这个功德很大，因为所有的人都可以吃得到啊！我想这个办法太好了，买一包盐才几毛钱，可是整个寺院所有的僧人都可以吃到，这个功德的确太大了！

佛经里讲，供养僧众的功德非常巨大。但是供养僧众，得有本钱啊。古代都是皇帝供养僧众，我们一般人根本没有能力去供养僧众。而且供养僧众不能只供养一个人，必须供养全体僧人功德才大。佛经里讲，如果你平等地供养一切僧人，不管他修行好不好、庄严不庄严，你都供养，这样的话，就会有阿罗汉、佛菩萨来接受你的供养，你就可以得到很大的福报，而且斋僧是现世马上得福报。并不是所有功德都是现世中马上得到福报的，有些供养的功德是要在多少劫以后才会成熟。这个道理我是知道的，但是那个时候供不起啊！我们小时候，几毛钱就是很大的钱了，很多糖都是一分钱一个，那个年代都是这样的。而寺庙里僧众很多，供一次全僧斋最起码需要好几百块钱。所以这位老居士就出了一个这么好的主意，供养一包盐，多么善巧方便！一包盐没几毛钱，但是所有僧众几乎都吃到了。我就这样开始布施，后来布施越来越大，福报也越来越好。

这位老居士很有智慧啊！一开始的时候我们心量都很小，福报也比较差。所以，佛菩萨用善巧方便的方法让你增长福报，从一包盐开始培福。

遵循因果规律来改变命运可是个高科技的活，弄不好可能还会亏本，这是为什么呢？比如说啊，我们都会布施乞丐对不对？不少人看到一个乞丐，心里想应该布施，然后掏口袋，拿出一张一百块的，舍不得，放回去了；拿出一张五十块的，又放回去了；最后拿出一毛钱布施了。我不是在笑话别人，自己以前也是这样的。这就是因果法则没学好。为什么呢？因为你拿出一张一百块的，又放回去，你种下的是吝啬的因；又拿出一张五十块的，又放回去，又种下更多吝啬的因；最后拿出一张一毛钱给他，其实这个财富种子是非常小的，并且在前面已经种了一大堆财富的负面种子，自己还不清楚。有些同学老是有疑问：为什么我种财富种子已经半年了，还没有发财？仔细想想，也许你的负面种子种得比正面种子还要多，没有亏本已经不错了，你还想要发财？

所以，因果法则不是那么容易明白的。想想看，我们一个月当中，有多少个念头是在想着给别人的，很少的，就那么几个刹那是在想着给别人，而且给别人时，跟我刚才讲的一样，前面种了一大堆负面的种子，后面才把钱掏出来。这就是你对因果还不够相信，还不相信你给出去未来会得到更多。我后来就慢慢开始改变，发愿看到一个乞丐，把手伸进口袋里，掏出什么东西就给他什么东西，像赌博一样，好刺激的。我心脏还可以的，有心脏病的人千万不要这样做啊，万一掏出一张一百块的可能就昏过去了。其实我们不管是给别人多少，都还是自己的。为什么呢？"予非失，乃存也。"哪怕你掏出一万块钱给他，其实都没有任何损失，只是存在他那儿。当钱给出去时，我们是种下了强有力财富的正面种子，一定要有这样的见解。

我们和任何人相处，要时时刻刻想着怎么去给予，这样才能有福报，未来的人生才会更加吉祥。

《妙法莲华经·普门品》里有句话讲"福不唐捐"，是什么意思？就是所做的功德、所种下的好的因不会白费的，一定会有结果，而且会有巨大的结果。当真正了解这些原则，我们对自己的人生就有百分之一百的把握，知道我们的人生会越来越好、我们的前途会越来越光明。如果现在很快乐，未来会更快乐，这叫做"从光明走向光明"；如果现在很痛苦，但通过真正地去修行佛法，未来就能得到快乐，这叫做"从黑暗走向光明"。如果我们不修持这些吉祥的智慧来改造命运，那只有两种结果，要么是"从痛苦走向痛苦，从黑暗走向黑暗"，要么是"从快乐走向痛苦，从光明走向黑暗"。为什么呢？福报消完了，就痛苦了。不要看现在很好，今天所做的任何的恶业，一定会有加倍的果报。

在《寒山拾得忍耐歌》中记载了寒山跟拾得的一段对话：

昔日寒山问拾得曰："世间谤我、欺我、辱我、笑我、轻我、贱我、恶我、骗我，如何处治乎？"

拾得云："只是忍他、让他、由他、避他、耐他、敬他、不要理他，再待几年，你且看他。"

人生起起落落，我们看到很多身居高位、荣登富豪榜的人，没过几年就掉下来了，有的人还掉得很惨，甚至被判刑、坐牢。《周易》讲："善不积不足以成名，恶不积不足以灭身。"一个人之所以毁灭，就是因为积累了太多的恶。那么一个人怎么才能成功？那就要从今天开始"置身于正道"，持之以恒地积累善行，就一定会越来越好。这就是因果规律。

遵循因果规律即是懂得如是因、如是果，什么该做、什么不该做。进一步说，我们还应该要守持戒律。佛法的戒律很多都体现着因果，无论是小乘的别解脱戒——"绝不伤害一切众生"，还是大乘的菩萨戒——"要尽量去帮助一切众生"，都是让我们杜绝恶的因，种下善的因。如果我们能够守持戒律，所有违背戒律的事情都不做，建立正信，放弃邪见，经常修习布施，放弃自私自利等，让我们所有的行为、语言和心念都能够符合因果规律，这样我们就是"置身于正道"了。

"置身于正道"，在传统文化智慧中有什么对应的教言呢？

《孟子》云："不以规矩，不能成方圆。"

《文昌帝君阴骘文》云："作事须循天理，出言要顺人心。"

《太上感应篇》云："是道则进，非道则退。"

《孟子》云："得道多助，失道寡助。"

在古代的很多经典当中都已经说了相同的教言，可谓"英雄所见略同"。从这里可以看出，中华优秀传统文化智慧都非常重视"道"，因为所有的道无非就是要引导众生离苦得乐，获得圆满的幸福。佛陀在《吉祥经》里把吉祥如意的方法都总结在一起，按照里面的方法去修持，我们就能够得到暂时与究竟的安乐、利益和吉祥。

七、多闻

　　　　学习并增广知识在佛教中是被赞许的。"多闻"也就是广学。学习一部经典或文化知识，对于其中的方方面面，无论它是高深、普通或浅显的，我们都应该去了解，但并不是全部都要去应用，我们应该只用其中适宜的知识。拥有智慧或知识是一件好事情，能帮助我们了解佛法并进而修持它；它能帮助我们处理世间的事情，使我们变得成功富足等等。

　　　　三十八种吉祥如意的方法里，第七种是"多闻"，第八种是"工艺精"。"多闻工艺精"这句话就包含了两种吉祥如意的方法。

　　　　《华严经·净行品》里讲："自皈依法，当愿众生，深入经藏，智慧如海。"

　　　　佛教是智慧的教育，就连佛寺的建筑都是在表法。拿汉传佛寺的建筑来讲，一进山门，首先就是天王殿，迎面看到的第一尊佛像——化身布袋和尚的弥勒菩萨，就代表着我们进入佛门可以学到的第一课——以积极的心态去面对一切。弥勒菩萨的智慧非常深奥，在这里我们首先要学习弥勒菩萨"大肚能容、笑口常開"的人生态度。为什么弥勒菩萨可以大肚能容、笑口常开呢?

开"的人生态度。为什么弥勒菩萨可以大肚能容、笑口常开呢?是因为他完全了知万事万物的本质——空性的道理,了达一切诸法的空性,他就能够包容一切。

空性的一个重要含义,就是万事万物有无穷的可能性,因为万事万物的本质是空性,所以蕴含着无穷的潜在可能性。这就意味着任何事物都有它的价值,哪怕是看起来不好的事物,都有无穷潜在的价值在里面。

如果我们有这样的一种智慧,就能够在看似毫无用处、甚至有危害的事物中,发掘出它的价值,不好的事情就会变成好的事情,甚至可以转危为安。如果一个人在万事万物中都能够看到无穷的潜在可能性,他就不会消极、不会痛苦,无论遇到什么样的境界,都能像弥勒菩萨那样大肚能容、笑口常开。

而我们一般的人没学习这样的智慧,虽然也知道要包容一切,遇事也努力练习忍辱,但是忍到一定程度就会忍无可忍,终于总爆发,把以前所有强忍的全部抖出来。最后,总账算完了,也前功尽弃了。这就是我们一般人的包容,没有看清事物本质的智慧,所以度量有限,就会爆发。

弥勒菩萨不会爆发,因为他已经证悟空性。因为空性,所以能够包容一切,不再会有任何痛苦。因此,要想人生吉祥如意,首先要向弥勒菩萨学习,学习透过现象看本质,看到万事万物的无穷潜在可能性,了达一切诸法的空性,那么我们的人生将不再有悲观和消极,也不再是狭隘和局限的,也就能够大肚能容、笑口常开了。

进入天王殿，两边侧立的是高大伟岸的四大天王。四大天王都被称为护法神，保护着我们在修行佛法的道路上能够排除障碍，吉祥顺遂。

同时四大天王也各自代表着一种智慧。

第一位是持国天王。持国天王告诉我们的是做人首先要尽本分、负责任。这是做人的基础，就像造房子，地基不打牢，上面的房子也就造不起来。

所有的功德，都是建立在贤良的人格之上，没有贤良的人格，不仅修行上不去，世间的事情也不能成功。所以要想获得世间的吉祥和出世间的吉祥，首先我们都必须要有贤良的人格。

所谓贤良的人格，就是儒家倡导的"敦伦尽分"。敦伦尽分就是力行五伦的道理：父子有亲，夫妇有别，长幼有序，君臣有义，朋友有信。在五伦关系中，每个人都要经营好自己的角色，在各自的身份中，做到尽本分、负责任。

如果人人都做到了敦伦尽分，整个社会就能够和谐。就像一部机器，每个零件都正常发挥它应有的作用，这部机器就会和谐运转。如果有一个零件不发挥作用了，整部机器都会坏掉。一个家庭、一个团队也是一样，每个成员都能够尽到自己应尽的责任，这个家庭、团队就能够和谐。

儒家讲到的五伦关系与佛陀在《善生经》里讲到的六方关系，道理其实都是一样的。《善生经》也是我们在家居士需要学习的另一部经典，里面详细讲解了在家居士怎么赚钱、怎么理财、怎么处理好六方面的人际关系等。关于这方面，《吉祥经》

没有讲到具体的细节。

第二位是增长天王。看到他，我们就要提醒自己：每天都要有所进步，每天都要有所改善，不能原地踏步，也不能退转。这就是增长天王给予我们的教导。宝贵的人生不应荒废，我们的智慧要进步、慈悲要进步、福德也要进步；我们的财富要增长、和谐要增长、快乐也要增长。虽然人生总有起伏，道路亦有迂回，但是增长天王的智慧鼓舞着我们不断努力向上。所以，佛法是非常积极的，佛法不仅是让我们人生的各个方面有所提升，而且是让我们生生增上。

虽然要有积极努力的精神，但是却不能够盲目前行。接下来，后面的两位天王就会告诉我们，怎样才能每天都有进步。

多闻天王告诉我们要多听，广目天王告诉我们要多看。

多听多看，一个人才能够长智慧。如果一个人没有智慧，他就不知道什么该做什么不该做；如果一个人没有智慧，他就很难处理好面临的事情，结果就不吉祥了。每个人的吉祥如意来自于自己正确的行为，而正确的行为来自于正确的思想，所以一个人是否有正确的见解、是否有智慧，从根本上决定了他是否能够吉祥如意。但智慧不是凭空而来的，智慧来自于学习，所以"多闻"也是佛陀指导我们的第七个吉祥如意的方法。

如果一个人智慧超群、知识渊博，他就有能力正确抉择自己的行为，面对任何问题也能够善巧地解决，结果当然就会吉祥。《朱子治家格言》中也说："子孙虽愚，经书不可不读。"我们要通过广学多闻来提升智慧、扩展知识。

但是广学多闻的内容是什么？先学什么，后学什么？这却是至关重要的。如果学反了，恐怕结果与吉祥背道而驰！

人们往往用浩如烟海来形容文化典籍、知识文库，如果不懂得如何正确地广学多闻，那将迷失在茫茫学海中。

其实，广学多闻无外乎两个层面：一个是道的层面，一个是术的层面。道和术都要学习，但是首先要学道的层面。道，就是宇宙人生的规律，是不变的法则，是一切的根本。学习掌握了"道"，然后再去学种种的"术"。术，就是文化知识、才情技能、谋略战术等。

先学道，后学术，这是广学多闻的重要原则。因为如果不掌握道，术不一定管用。有位哲人曾说："术，有用，但，有限。"术不仅作用有限，有的时候还会起反作用，因为"聪明反被聪明误"，术用得最好的人往往下场并不好。

从古到今，学兵法的人很多，但是，学兵法的人有没有子孙昌盛的？历史上几乎找不到一个。战国时代的鬼谷子有两个最得意的弟子，一个叫孙膑，一个叫庞涓。两个人都是兵法学得最好的，但是最后的结局都不好，孙膑被废了双足变成残废，庞涓则被万箭穿身而死，下场是非常可悲的。所以，没有道的术反而变成害人害己的利剑。

在现代社会也是一样，如果一个人精于心计，也不乏才能技术，但却没有德行，那这个人往往是危害最大的。现在社会上也流传着这样一种评判人才的标准：有德有才是优等品，有德无才是次品，无德有才是危险品，无德无才是废品。仔细想想，还真有些道理。这四种里面最可怕的就是无德有才的危险品，没有德行，才能却很高，这种人危害非常大。所谓"知识越多越反动"，不是知识不好，而是运用知识的人德行不好，高科技犯罪都是这样的人。

因此，广学多闻是要有前提的，一定要先学道后学术。如果先学了道，了解了宇宙人生的规律、因果不虚的法则，我们就能建立正确的价值观，修养自己的德行，打开自己的心量，然后再去学习各种术，术就可以用来为道服务。这个时候，知识越多就会越幸福了，因为利人利己。如果我们没有学道、没有德行，有知识、有才能反而会害人害己。

古代有一则"南辕北辙"的成语故事，讲的是一个要去楚国的人，准备了精良的马车，快马加鞭地一路飞驰。一位同乡看到他驶错了方向，就喊道："哎！楚国在南边，你怎么向北跑啊？"他头也不回地说："没关系，我的马是最棒的千里马。"半路上，又有一位路人提醒他："你跑反方向了，楚国在南边啊！"他又得意地说："没关系，我的驾车技术也是最棒的。"我们都知道，如此跑下去，这个人非得绕地球一圈才到得了楚国。

我们的人生之路也不能如同"南辕北辙"的故事般跑错了方向，若是不按照宇宙人生的大道来把握方向，那么术学得越多、越好，反而会使我们离吉祥如意的人生目标越来越远。

中国古人对孩子的教育，首先是童蒙养正，然后是少年养志。就是从小要培养孩子正确的人生观和贤良的人格，当他有了贤良的人格，并立志要成为圣贤，这时候他所学到的知识技能越丰富，就越能够为民造福。如果从小没有把握好做人和立志的方向，长大后就会才学越高危害越大。自古以来，作为反面教材的奸臣贼子也不乏其人。所以，我们教育孩子的方法也应该要有顺序：先学道，后学术。先要培养人格，然后再学习文化知识。这也是我们自己广学多闻的步骤。

和教育孩子一样，我们教育员工首先也应注重培养德行，否则如果只是培养技能，忽略了德行，那么很可能技能越好，对公司的危害越大。因为"人不学，不知义"，他完全有可能出于自私自利而出卖公司的利益，或窃取公司机密跳槽到别的公司，或自己开公司来和你恶性竞争。所以，培养无德有才的人是有很大副作用的。相反，如果培养出有德行的员工，那么他的才能越高，对自己、对公司就越有利益。

中国古人有句话说"女子无才便是德"。很多人对这句话有误会，认为是对女性的一种愚化教育。"无才便是德"是不是让女性什么都不用学，都变得很愚痴？这种理解是错误的。

其实，"女子无才便是德"这句话是非常有道理的。这里的"才"，指的是小聪明；这里的"德"，指的是大智慧。是说，女子不能够老是学一些术、一些小聪明，而且心量狭小、斤斤计较，女子要学大智慧。这个大智慧就是德，就是通达了宇宙人生的大道，所做的行为符合这个道，就叫德。如果一个女人没有德行，那么她小聪明越多，就会越自以为是，越喜欢计较。这样的人，恰恰是很痛苦的。中国古人希望女性都能够得到真正的幸福快乐，所以要女子学大智慧，不能学小聪明。

第七个吉祥如意的方法"多闻"，就是要善于学习。无论修身、齐家、治国、平天下，都需要广学多闻，但必须是先道后术，先德后才，这个非常重要。

八、工艺精

当你熟练技艺时，能制作各式物品、从事各种行业，以此维生。所以"工艺精"也是一种吉祥。

第八个吉祥如意的方法是"工艺精"。

前面我们了解了"先学道，后学术"的重要性，紧接着，佛陀又特别针对我们在家居士的工作生活，指导了一条重要的吉祥秘诀——必须还要学习一定的工艺技巧。

作为在家居士，我们不能够离开社会、离开工作，所以一定要有一门技术。身处世间，如果你什么都不会，那将寸步难行。古人讲"万贯家财不如一技在身"。再多的钱也会花完，但是如果有一门技术，你就可以养活自己、养活家人。所以，在家居士除了要学习智慧、修养德行外，还要学习世间的技能，这样才能够自利利他。

当然，我们学习的技能，前提是不会伤害到众生。我们不能只为了谋生，而不加选择地什么都学。所以，为什么前面强调要先学道？因为心中有了道的准则，我们就会知道什么样的术可以学、什么样的术不可以学。古人说："慎始善终。"如果开始就以智慧来善加抉择，我们就不会因为学了不该学的技能、做了不该做的行业，而将自己拖入不吉祥的痛苦境地。这一条是"工艺精"的重要前提。

所有的技能，只要是不伤害众生、不违背因果的，我们都可以学。如果我们能有一技之长，并且以菩提心来摄持，就一定能够利益自己、利益社会。只要是一种能够自利又能利他的技能，我们都可以去学、去做。无论是在古代，还是在现代，各行各业都活跃着佛陀的在家弟子，他们以自己的技能服务社会的同时，也为自己创造了修行的条件。技能不仅是他们安身立命的资本，也是亲近众生、利益众生的方便。

如果我们一无所长，没有任何的技艺，那么在这个社会上就很难生存下去，更难以去利益他人了。

"唯德学，唯才艺，不如人，当自砺。"在家居士要想获得吉祥如意，每个人都要有自己的特长。我们可以选择自己喜欢的又可以自利利他的一门技艺来发展自己的特长。当把一种技艺精通到炉火纯青的程度，那我们就做到了"工艺精"，这也就是所谓的"匠人精神"。不仅如此，在掌握一门技能的基础上，还要尽可能地广学多闻，最好做到既有自己的专长，又有广博的知识。

做到了学有专攻，你就能够以此专长来服务大众，就可以安家立业，就可以利益众生；做到了广学多闻，你就能够掌握更多的知识，游刃有余地行走于世间，而不至于会犯很多无知的错误；当然如果你能够一专多能，就更增加了自己立足社会、服务众生的资本。

　　在家居士最不可取的就是什么都懂一点，什么都做不来，终日碌碌，无以为生，这样的人生何谈吉祥？也不要只是精通一样，其他什么都不懂，那样也会处处碰壁，又怎能事事如意？所以，既然生活在这个世间，"工艺精"的确也是我们在家居士吉祥如意的重要秘诀。

九、严持诸禁戒

　　"严持诸禁戒"意指一个人的行为应该要正确。在家居士要戒除杀生、偷盗、邪淫、妄语、饮酒，要遵循在家人的行为规范。如果是僧侣，应该遵循僧团的戒律。

　　我们每一个人生存于天地之间，在社会上与人相处，要知道有所为、有所不为。不能想做什么就做什么，我们跟人相处要有所禁戒。

　　现在的人，大多是想做什么就做什么，很少去顾及别人的感受，这种以自我为中心的思维模式是很有问题的。试想，如果别人对你也是想做什么就做什么，你受得了吗？只顾着自己舒服了，问题是别人都不舒服，这肯定是不行的。"以己之心度人之心，己所不欲勿施于人。"小到人与人之间，大到国与国之间，解决和谐问题的关键就在于此。在1993年的芝加哥会议上，来自全世界的著名思想家、哲学家、宗教领袖们经过反复论证，最后一致通过，将"己所不欲勿施于人"这句来自2500年前中国儒家的至理名言作为联合国的"普世宣言"。如果这个世界，人人都懂得互相为对方考虑，就天下太平了；相反，如果都只为自己考虑，那就天翻地覆了。

所以我们每个人处事做人都不能为所欲为，而是应该有所禁戒。

禁戒，大致说来有两种：

第一种禁戒最重要，就是在出离心的基础上，不能够伤害任何一个众生，只要是对其他众生有伤害的事情，一概都不做，这是最低限度的禁戒。对于戒律的作用，古人总结为一句话："防非止恶。""防非"就是防止自己做不对的事情，"止恶"就是停止制造恶业。什么是恶业呢？伤害别人的都是恶业，让别人损伤的都是恶业。如果我们能够守持"不伤害众生"的禁戒，懂得防非止恶，那么我们不管到哪里都会快乐。因为谁都喜欢与人为善的人，谁都不喜欢损人利己的人。所以，要想吉祥如意，最低限度的禁戒就是不伤害一切众生。

第二种戒律的要求更高一层，就是不仅不伤害众生，还要在菩提心的基础上，尽量去帮助一切众生。

第一个层面绝不伤害一切众生，在佛教里是小乘的别解脱戒；这第二个层面要尽量去帮助一切众生，就是大乘的菩萨戒。

前面一种是最底线，我们一定要做到。因为只要给出伤害，未来就会有百千万倍的伤害回到自己身上来，这肯定是谁都不愿意承受的。损人利己其实都是暂时的假象，损人的同时种下的必定是自己未来加倍受损的种子。所以，绝不伤害任何一个众生，这是最低标准，在此之上，还要尽己所能去帮助一切的众生。不但不伤害众生，而且还要想办法利益众生，这就是"严持诸禁戒"的基本宗旨。

那么具体要怎样做呢？这里只简单介绍第一个层面的戒律——五戒。

佛教里面的五戒，就是不杀生、不偷盗、不邪淫、不妄语、不饮酒。

"不杀生"，就是不伤害众生的生命。健康长寿是每个人都想得到的一种吉祥，但是很多人都不知道健康长寿的真实原因是什么。古人说："微命必护，寿之本也。"如果能够不杀生，就可以健康长寿；如果伤害甚至杀害生命，就会多病短命。这就是因果法则。伤害别人的生命，未来自己的生命就会受到伤害；保护别人的生命，那么自己的生命就会延长。

"不偷盗"，是指不去侵占别人的财物。如果侵害别人财物，未来我们的财物就会被别人侵害。谁都想要财富丰足，但为什么有些人做生意老是不能成功，总是会亏本，甚至还会遭遇偷盗、欺诈、抢劫，有时还会莫名其妙地丢东西？这都是因为过去侵占别人财物而成熟的果报。

第三是"不邪淫"。邪淫就是指除了夫妻之外的所有不正当的男女关系，当然也包括婚前性行为。佛经里面讲，邪淫的结果就是：第一，不能够得到满意的伴侣；第二，婚姻伴侣关系会破裂，伴侣关系会不和谐。当今时代，离婚率越来越高，婚姻家庭不幸的案例似乎俯拾即是，这些就是人们过去邪淫的果报。我们要发愿生生世世守持不邪淫的禁戒，这样，未来才能够顺利地找到满意的伴侣，而且伴侣之间也能够和谐相处。幸福美满的婚姻，都是来自于不邪淫而得到的果报。

第四是"不妄语"。妄语会让我们丧失做人的信誉。如果一个人的诚信丧失了，讲的话没有人相信，那么做事情就不容易成功。有些人讲出来的话，哪怕是正确的，都无人听信，那是因为妄语太多了。小孩子都听过《狼来了》的故事，其中的道理是显而易见的。妄语不仅使我们的语言没有威力，而且未来还会常常感受被欺骗和诽谤的果报。如果能够坚决做到不妄语，我们的语言就会非常有威力，大家对你说的话有信心，你自己也会感受到一个诚信的世界。

最后一个是"不饮酒"。酒是乱性之物，饮酒会损伤人的智慧，佛经里讲，饮酒得到的果报就是愚痴，科学已经证明了这一点。美国科学家公布一项研究结果，无论轻度或中度饮酒，都不能避免对饮酒者的大脑产生不利影响。根据磁共振成像调查的结果，轻度和中度饮酒者在饮酒后的确会引起脑量的萎缩。酒精可以麻醉人的神经，有些人烦恼痛苦时就用喝酒来麻醉自己，但是"借酒浇愁愁更愁"！酒精是不可能帮助你断烦恼的，只能暂时麻醉，但是麻醉完后你的脑细胞已经受损了，只会使你更愚痴、更烦恼！而且，夫妇一起饮酒，生出来的孩子往往都是低能儿。这就是酒精减损人智慧的巨大威力，切莫以轻忽之心而放弃对不饮酒戒的守持。

佛教的五戒在儒家里也有相对应的说法，就是仁、义、礼、智、信，这是人生五种最重要的优秀品质。

仁：是仁爱、仁慈。不杀生就是仁，不去伤害别人就是仁。

69

义：是遵守道义，不取不义之财。不偷盗就是义。

礼：人与人之间有一定的伦常礼节，如果丧失了礼，人际关系就会混乱。邪淫就是因为丧失了应有的礼节，所以不邪淫对应的就是礼。

智：就是不饮酒。要想保持清明的智慧就要不饮酒。

信：就是不妄语，建立诚信。

所以，能够守持五戒的人，就是具有仁义礼智信的君子。我们每个人都可以拿这个标准来衡量自己。

五戒是禁戒中最基本的要求。佛经里讲，能够遵守五戒，来世才有可能再做人。如果五戒都做不到，那么来世想做人都没有资格。仔细想想，其实来世要做人也不容易。

所以，不管是为了今世，还是来生，要想获得吉祥如意，就一定要"严持诸禁戒"。简单来讲，就是尽量按照前面所说的五戒来做。

《禅林宝训》里有一段教诲："衲子守心城。奉戒律。日夜思之，朝夕行之。行无越思，思无越行。有其始而成其终。犹耕者之有畔，其过鲜矣。"（译文：法演禅师说：出家人守护道心，如同兵卒防守城堡一样，不可有丝毫疏忽大意。奉持戒律不能有微细毁缺。心中念念不忘的是佛法，朝夕所行的也是佛法。做到行解相应、言行一致、表里如一。这样自始至终保持不变，必有成就。犹如耕田一样，中边俱到，就不会有荒废的过失。）

切记，戒律不是束缚我们，戒律是帮助我们得到真正的自由、真正的快乐。戒律是保护我们的盔甲，使我们能够防非止恶，让我们避免种下痛苦的种子，让我们不要受伤害。

　　有些人一听戒律就皱眉头了，当然，你什么都可以做，不过一定要记住，没有人逃得过因果，你所有的行为，未来都会加倍回到自己身上来。想明白了，就知道应该怎么做了。一个人如果真的对自己负责任，就知道什么该做，什么不该做。

　　父母亲为了保护孩子，总是不厌其烦地告诫他哪些是危险的、会带来伤害的行为。佛陀也是一样，为了我们的幸福安乐，慈悲地为我们开示了"严持诸禁戒"的吉祥秘诀。能不能掌握这个秘诀，就看我们自己了。

❀ 十、言谈悦人心

和颜悦色地谈话也是一种吉祥。一个谈吐和颜悦色的人，说话总是伴随着善的想法、善的观念。所以，"言谈悦人心"本身就是一个善的行为，可以带给人们慈爱。

前面所讲的"严持诸禁戒"，其实已经讲到了居士的五戒，其中"不妄语"针对的是语言方面的恶业。如果扩展到十善业，还有另外三个关于语方面的：不恶口、不两舌、不绮语，加上不妄语，十善业中，语言方面的就占了四个。而在《吉祥经》中，佛陀也特别叮嘱我们要"言谈悦人心"。为什么语业方面的戒律这么多？为什么佛陀在这里讲完了"诸禁戒"后，还要专门把"言谈"这一项提出来？那是因为我们的嘴巴最难管、嘴巴最容易造业，所以佛陀特别提出要"言谈悦人心"，我们讲出去的话要让别人听了欢喜才好。

古人云："良言一句三冬暖，恶语伤人六月寒。"语言的正反两方面作用都包含在这句话里了。善意、真诚、和合、柔顺的话语，如春风般温暖，一下就拉近了人心的距离；而恶毒、讽刺、挑拨、诋毁的话语，比刀子更伤人，马上就能给自己树立无数的敌人。

《文昌帝君阴骘文》云："作事须循天理，出言要顺人心。"我们开口说话的时候，一定要想到这个世界的天理就是你给出去什么，就会千万倍地回来什么。有的时候，我们口无遮拦地将很难听的恶语随意就说出去了，像"斧头帮"一样，一把把锋利的斧子"嗖嗖"地飞出去，自己是爽快了，却把别人弄得遍体鳞伤。接下来，战争就开始了，回来的就不是斧子，可能是导弹了。如果我们总是"言谈伤人心"的话，到头来就会身处在唇枪舌剑之中，哪里还有和谐幸福可言？

关于杜绝恶语的教言，《弟子规》云："奸巧语，秽污词，市井气，切戒之。"《佛子行三十七颂》亦云："恶言刺伤他人心，亦失菩萨品行故，莫说他人不悦词，杜绝粗语佛子行。"大乘菩萨四摄法：布施、爱语、利行、同事。其中，爱语是菩萨行中非常重要的一条，作为佛弟子，一定要杜绝粗语，言谈要悦人心。

"自赞毁他"也是人们常常容易犯的一个毛病。岂不知，这不仅会伤及他人，更会自毁功德！《佛子行三十七颂》这样告诫我们："以惑谈他菩萨过，则将毁坏自功德，故于大乘诸士夫，不说过失佛子行。"《太上感应篇》也说："不彰人短，不炫己长。"古代藏地大成就者华智仁波切曾留下这样的珍贵教言："隐秘自己之功德，隐秘他人之过失，隐秘未来之计划。"这些话都应该当成座右铭写下来，放在自己的书桌上、皮包里，随时随地拿出来看一看，随时随地提醒自己。最好在手机显示屏的桌面上设置一句醒目的"言谈悦人心",提醒自己开口和人讲电话时，要注意自己的语言和态度。

讲话真不是件简单的事，有人说讲话是门艺术，其实会讲话更是一种智慧。怎样才能够做到言谈悦人心？不是仅仅有一颗善心就够了，有的人以心直口快自诩，有的人很爱给别人提意见，但我们有没有做到言谈悦人心呢？不论是讲任何话，哪怕是去规劝别人，都要以让别人听了舒服的方式去讲，这一点非常重要。就像《弟子规》里讲的"亲有过，谏使更，怡吾色，柔吾声"。规过之前，不仅要观察自己的发心及对方对自己的信任程度，还要选择合适的时间和地点，规劝时更要注意和言爱语。

我们一定要记得这第十条吉祥如意的秘诀"言谈悦人心"。再送给大家《朱子治家格言》中的一句话："处世戒多言，言多必失。"能做到"说好话"是最好的，如果还不行，不妨先"少说话"吧！

十一、奉养父母亲

　　奉养父母是人类高尚的品德，佛陀曾多次宣导此一善行。父母亲给予孩子生命并养育、培育他们，因此孩子有责任奉养自己的父母亲。要供养父母衣食、住所，还要给予关爱，包括帮忙父母做家务，照顾他们的身体健康等。若能劝导父母对佛法建立信心，让他们能增长福慧、获得解脱，则是报答父母最好的方法。

　　在"尊敬有德者"中，我们曾提到了被称为"佛门《孝经》"的《地藏菩萨本愿经》，对于其中"孝亲尊师"的道理，我们重点讲了"尊师"的一方面，在这里佛陀又告诉我们，"孝亲"也是一条重要的吉祥秘诀。中国儒家十三经之首的《孝经》，自古以来被认为是能够修身、齐家、治国、平天下的一部宝典，也是最多帝王亲自注解、亲自宣讲的经典。为什么佛陀和孔子都如此重视"孝"？"孝"为什么能够带来吉祥如意？"孝"为什么有如此大的威力？

　　在《孝经》开篇第一章，孔老夫子就讲，一个字就能"以顺天下，民用和睦，上下无怨"，这个字就是"孝"，是古代先王的"至德要道"。大到安邦定国，小到每一个人的"事亲""事君""立身"，都离不开一个"孝"字。

一个人从小在父母身边能够学习孝道，能够按照孝道去对待父母亲、奉养父母亲，他就从小培养了知恩、感恩、报恩的美德，而且从小就学会了如何为别人着想。"老吾老以及人之老，幼吾幼以及人之幼。"一个把心放在父母身上的人，就能渐渐突破以自我为中心的思维模式，渐渐地学习如何与人相处、如何为别人服务。这样的人走到哪都会受人尊重和欢迎、走到哪都会吉祥。所以说一个"孝"字，于己可以对治私，达到修身；于家可以敬老爱幼，达到齐家；于企业可以和谐上下，达到治企；于社会可以人人爱敬、天下太平。"奉养父母亲"实在是一条至关重要的吉祥秘诀。

同时，依靠孝道还可以积累很多的福德。如果一个人不懂得孝顺父母，就一定是没有福气的人。除了出世间的三宝、善知识以外，世间最殊胜的福田就是自己的父母亲。所以，我们能够孝养父母亲，就能够培养很多的美德、积累很多的福报。

如果一个人所有的事情都非常精通，但是不孝顺父母的话，这个人是不会快乐的，因为他的生命之源、快乐之源已经被截断了。《孝经》云："夫孝，德之本也，教之所由生也。"一切德行的根源就是孝，"百善孝为先"。古代的医王孙思邈所著的《福寿论》中说："福者，造善之积也。"我们要想有福报，就要知道福报的因是什么、福报的源头是什么？其实福报的因和源头就在于一个"德"字，而德之根本就是"孝"。古代汉字"德"的通假字就是"得"，有德才能得，德就是福，一个人有德行就会有福报，没有德行就没有福报。而孝是一切福德的源头。因为有了孝，才会有福报；因为有福报，才会幸福快乐。所以，"奉养父母亲"是吉祥如意的根本方法。

我们通过孝养父母，可以培养所有的美德，积累很多的福报。进而扩展到尊重师长、尊敬有德，开启我们人生福德、智慧的宝藏，就能够获得幸福圆满的人生，进而达到修身、齐家、治国、平天下。所以，孝道不单是人生幸福圆满的源泉，更是修身、齐家、治国、平天下的大根大本，是非常重要的。

关于如何孝顺父母，《孝经》及《弟子规·入则孝》里已经讲得非常具体、非常详细了。这里，我们再来补充一些佛教里独特的教法。

佛陀在《善生经》里专门讲到父母亲与孩子之间的关系如何相处。

"善生！夫为人子，当以五事敬顺父母。"

佛陀告诉善生，作为一个孩子应该以五种方式来敬顺自己的父母亲。

"云何为五？"

哪五件事情呢？

"一者供奉能使无乏。"

首先在物质上要满足父母亲生活等方面的需求。

"二者凡有所为先白父母。"

我们要做什么事情，首先要禀告父母亲，得到父母亲的认同后再去做。

"三者父母所为恭顺不逆。"

父母亲所做的事情及父母亲让我们做的事情，都要恭敬、顺承、不和他们逆反，要恭顺不逆。

"四者父母正令不敢违背。"

父母亲正确的、符合道义的命令不能够违背。

"五者不断父母所为正业。"

父母亲所做的正当事情，不要在我们身上中断，包括父母亲的一些非常好的传统。所谓的正业，就是正确、正当的职业。父母亲正确、正当的职业孩子应该继承下来。在古代印度有一个传统：父母亲做什么，孩子也应该做什么，不断父母所为正业。但是，佛陀讲的这条有个前提，必须是正业，如果不是正业，那也不用去继承了。

"夫为人子，当以此五事敬顺父母。"

接下来，"父母复以五事敬视其子。"

父母亲要如何对待自己的孩子呢？也有五个方面。

"云何为五？"

哪五件事情呢？

"一者制子不听为恶。"

首先就是教育，父母亲不能听任孩子做坏事、学不好的东西。孩子如果学习不好的东西、做坏事，父母亲就要去阻止他。

"二者指授示其善处。"

还要告诉孩子正确的行为和方法，这也是非常重要的。第一个是阻止作恶，第二个是指明善处，父母亲要教育孩子，使其长善灭恶。

"三者慈爱入骨彻髓。"

父母亲对孩子的慈爱要非常地深刻，一心只为子女好，时时刻刻关爱他们，这种慈爱深入骨髓。

"四者为子求善婚娶。"

孩子长大了，婚嫁的问题需要父母的指导和协助，娶好的媳妇，嫁好的先生，父母亲要负指导和协助的责任。因为孩子缺乏人生经验和分辨能力，让孩子自己凭感觉来决定婚姻大事是不太可靠的，现代社会因为自由恋爱导致离婚率大增就是一个明证。在这里，佛陀也是要求父母亲要为孩子的婚姻负责任。

"五者随时供给所须。"

父母亲要尽量提供孩子生活、教育等方面的所需。

这十条就包含了"父慈子孝"，子女要如何孝养父母，父母要如何慈爱子女，佛陀开示得非常具体。

《吉祥经》中的第十一条秘诀"奉养父母亲"是从孩子的角度来讲的，而《善生经》则从两方面讲了父母跟孩子之间应该如何相处，遵循这些珍贵的教导，就能够获得吉祥如意。

在尽力让父母亲获得现世利益的基础上，我们还要尽力使父母获得出世间解脱的利益。在《印光大师文钞》中，印祖说："而其本则以如来大法，令亲熏修。"孝道的根本是以佛陀所传授的解脱的方法，让父母亲熏修，让父母亲能够远离这些生死轮回的痛苦，能够永远获得解脱。这是出世间的孝一个最重要的特点，它不仅包含了世间孝，而且超越了世间的孝。

印祖还说："从兹超凡入圣，了生脱死。永离娑婆之众苦，常享极乐之诸乐。"如果父母亲能够念佛求生西方极乐世界的话，他们就可以超越轮回、了脱生死，永远不会再有痛苦，而能在极乐世界享受种种的快乐。

另外，我们也可以从其他经典中学习到更多"奉养父母亲"的教言：

《关圣帝君觉世真经》："奉祖先，孝双亲。""淫为万恶首，孝为百行原。"

《文昌帝君阴骘文》："忠主孝亲，敬兄信友。"

《论语》："父母在，不远游，游必有方。"

《朱子治家格言》："重资财，薄父母，不成人子。"

《劝发菩提心文》："云何念父母恩？哀哀父母，生我劬劳，十月三年，怀胎乳哺，推干去湿，咽苦吐甘。才得成人，指望绍继门风，供承祭祀。今我等既已出家，滥称释子，忝号沙门。甘旨不供，祭扫不给。生不能养其口体，死不能导其神灵。于世间则为大损，于出世又无实益。两途既失，重罪难逃。如是思惟，唯有百劫千生，常行佛道。十方三世，普度众生。则不唯一生父母，生生父母，俱蒙拔济。不唯一人父母，人人父母，尽可超升。是为发菩提心第二因缘也。"

十二、爱护妻与子

珍爱自己的配偶和孩子是一种吉祥。丈夫应该要照顾好妻子；妻子也应该要支持丈夫；父母亲有责任照顾、培育自己的孩子。

"爱护妻与子"这里可以分成两个部分：一个是夫妇的关系，一个是父母和孩子的关系。

如何爱子？在前面讲到"奉养父母亲"时，我们引用《善生经》中"父母复以五事敬视其子"来学习了父母亲应该为子女做的五件事情：阻止行恶，教授善处，爱彻骨髓，求善婚娶，供给所须。

接下来，夫妇关系如何相处，我们还是一起来学习《善生经》中佛陀的教言：

"夫之敬妻亦有五事。"

作为丈夫，如何尊敬太太呢？也有五件事情。

"云何为五？"

哪五件事情呢？

"一者相待以礼。"

如果没有"礼"，就会没有规矩，讲话就会很随便，就很容易种下不和谐的因，所以中国古人认为，礼是非常重要的。"礼者，敬而已矣。"内在的尊重体现于外在的行为上，就叫"礼"。作为丈夫，必须要非常尊敬自己的太太，一定要有礼貌，不要认为是家里人就不用礼节、礼貌了，其实，越是亲近的人越需要有礼。中国古代"相敬如宾""举案齐眉"等形容夫妻恩爱的词汇，就在告诉我们夫妻关系应该怎样相处才能达到和谐，关键就是这个"礼"。如果能够尊敬对方就像尊敬贵客一样，就不会有轻慢、放肆，就不会乱讲话、乱发脾气，就不会挑剔、嫌弃，就不会做出种种不尊重对方的行为。所以丈夫应该怎样对待妻子？第一条就是"相待以礼"。

"二者威严不阙。"

丈夫要得到妻子的尊重，首先自己要尊重自己，所谓"自尊者人必尊之"。一个懂得自尊的人，一定会赢得他人的尊重，而一个有自尊的人，一定是威严不阙的。威严不是傲慢和凶悍，是内在尊重自己和他人的外在表现，是行住坐卧皆有威仪：站如松、坐如钟、卧如弓、行如风、言不妄发、性不妄躁，做任何事情都有一定的规矩，不乱来。

人在轻浮的时候会种下很多不和谐的种子，一个轻浮的人很难得到他人的尊重。作为丈夫，一定要威严不阙，做任何事情都不能随随便便，都不能轻浮。

很多人在外面是很有威仪的，西装笔挺，站有站相，坐有坐相，可是回到家里西装一脱，往沙发上一躺，就变成一摊烂泥，一点威仪也没有，这是非常不好的，但很多人都会有这样的情况。有些人说，家是让人放松的地方，回家就要自由自在，这没错！但是家不是让人放肆的地方，正是懂得了尊重自己、尊重家人，才能创造一个和谐、自在的家。

其实不单单是丈夫，妻子也一样。中国古代女子四德，其中一德就是"妇容"，是非常重要的。一位妻子在家能保持整洁的仪容，不仅是对丈夫的尊重，也是对自己的尊重。一位母亲总是非常的干净、非常的庄重，任何时候都有做母亲的威仪，从小就会在孩子的心目当中留下非常庄严的形象。女人千万不要在外面光鲜亮丽，在家里就成了一个黄脸婆，穿着随便，举止也随便，坐没坐相，站没站相，这样给家里人的印象是非常不庄重的，对孩子也产生不好的影响。《关圣帝君觉世真经》云："敬夫妇，教子孙。"我们怎样才能让孩子从小有教养、有气质？父母亲就是最好的模板，一个家庭里父母之间互相爱敬，并且随时随地都保持庄严，这本身就是一种无形的教育。所以父母亲都要有这种意识，要做到"威严不阙"。

"三者衣食随时。"

先生对太太，要能够满足基本的衣服饮食需求。如果吃了上顿没下顿，四季更替的衣服也没有，那就是先生失职了，先生最起码要满足太太基本的生活需求。

"四者庄严以时。"

先生还要适时地给太太装扮容貌。佛陀说，丈夫有责任装扮自己的妻子，要让她看起来非常地庄严。比如可以为妻子买戒指、项链之类的，佛教里也是不反对的。

"第五委付家内。"

丈夫要把家里所有的事情都托付给自己的妻子，由她来做主，女子的"妇功"就体现在这里了。丈夫的工资要交给妻子来打理，孩子的教育要妻子来负责，家里上上下下、吃穿用度、水电煤等等所有的事情，都要委付给太太来掌管。家里的事情，太太就是老大。

"夫以此五事敬待于妻。"

丈夫以这五种事情来尊敬对待自己的妻子。那么妻子呢?

"妻复以五事恭敬于夫。"

妻子也要以五种方式来恭敬自己的丈夫。

"云何为五?"

"一者先起。"

太太早上要比先生起来得更早，因为太太要在早上处理很多家务事，包括准备早饭、清洁卫生、孩子的午餐盒等等。还有很重要的一点，就是在家人起来前梳洗装扮自己的仪容。所以第一件事情就是"先起"。

"二者后坐。"

丈夫没有坐，妻子不能先坐，这是对丈夫的尊重。

"先起""后坐"虽然都只有两个字，但是背后有很多的含义。

"先起"不只是先起床，还代表着任何事情都要想到前面。

先生没有想到的事情，太太要帮先生先想好、准备好，不单单是早饭，其他所有事情都一样。先生要出门了，太太要把先生出门要穿的衣服鞋子先准备好，车钥匙、提包等所有该准备的事情太太都要事先准备好。其他的，比如要去拜访亲戚了，太太要把该带的礼物等全部先准备好，不要等先生来吩咐。既然先生已经委付家内给太太了，太太就是家里的大总管，就要什么事情都考虑周到。

"后坐"不光指坐座位，还代表着任何时候、做任何事情，太太都要学会尊重先生，让先生在先。比如说走路、吃饭、讲话等，都要让先生在先。作为太太，一切时处都要把先生放在尊重的位置上，自己则退让在后，这是人生的一种态度，非常重要。因为你敬人一尺，人敬你一丈，夫妻之间也是这样的。

"三者和言。"

"妇言"也是女子重要的一德，要和颜爱语、口吐莲花、"言谈悦人心"。作为妻子，讲话时，要如同一朵朵莲花从口中飞出，那么家里马上就温馨如春；如果一开口，一把把斧子从嘴里出来，那家里马上就变战场，受伤的都是自己最亲的人。所以妻子一定要做到"和言"。

"四者敬顺。"

"敬顺"就是尊重、顺承。所有不和谐的因素都来自于不尊重。夫妻间虽同处一室，却更要互相尊重。越是亲近的人越是要互相尊重，妻子能够敬顺自己的丈夫，不仅能夫妻和谐，而且也是一家之祥。《幼学琼林》云："夫妇和而后家道成。"古代"相敬如宾"的典故正是说明了这个道理。春秋时期，晋国大臣郤芮因罪被杀，儿子郤缺被废为平民，务农为生。郤缺不因生活环境和个人际遇的巨大变化而怨天尤人，他一面勤恳耕作、一面以古圣先贤为师刻苦修身，德行与日俱增，不仅妻子甚为仰慕，就连初次结识的人也无不赞叹。一次郤缺在田间除草，午饭时间妻子将饭送到地头，十分恭敬地跪在丈夫面前呈上饭菜，郤缺连忙接住，频致谢意。这一幕感动了路过此地的晋国大夫臼季，一番攀谈，臼季认为郤缺是治国之才，极力举荐他为下军大夫。后来郤缺立大功，升为卿大夫。

现代人很多都不懂得夫妻相处之道，对越是亲近的人越不尊重，互相之间不当回事。认为反正是自己人，话乱讲，形象不顾，行住坐卧也没有任何威仪，这就是很多人夫妻关系搞不好的一个原因。更有甚者，如《太上感应篇》所描述的"男不忠良，女不柔顺，不和其室，不敬其夫"。如果夫妻之间相处成这样，那真是家之不祥了。

无论是丈夫，还是妻子，在任何时候都不能种下这种轻浮、放逸、不尊重的因，时时刻刻都要像孔老夫子所说的"战战兢兢，如临深渊，如履薄冰"，惟恐种下不和谐的种子，要时时刻刻保持自己庄严的形象、恭敬的态度、柔和的语气，给对方始终留下这样一个印象：我的先生、我的太太是非常庄重的一个人，是彬彬有礼的一个人，是可亲可敬的一个人。这就是夫妻双方都要努力去做到的。

很多人婚前觉得对方很可爱，都是优点，婚后就全是缺点了。为什么会这样？就是因为结了婚大家都太随便了，自己的很多恶劣习气都不控制了，随便就展露出来。这样既没有照顾配偶的感受，也没有尊重自己的人格，对辛辛苦苦构筑起来的婚姻家庭更没有用心去好好珍惜。

夫妇关系是社会的核心，因为夫妇同处一室，一室不和谐，一家就不和谐；一家不和谐，一国就不和谐。只有夫妇的关系和谐了，家庭才能和谐；家庭和谐了，社会才能和谐。

所以，敬顺非常重要，因为尊重，才会顺承。在夫妇相处的时候，爱敬存心是非常重要的。

"五者先意承旨。"

"先意"就是任何事情都能帮先生事先想到，"承旨"就是遵从先生的意旨。太太要特别善解先生的心意，不等先生开口就能按照先生的心意去做，而且不能够任着性子擅作主张，做任何事情都要和先生商量，遵从先生的意旨。这个也很重要，就像我们对父母亲、对老师一样，这都是尊重的一种表现。

尊重并不是一个抽象的概念，它是由很多具体的行为来表现的。比如先起、后坐、和言、敬顺、先意承旨等，都是尊重的外在表现。如果一个太太对先生爱敬存心，所表现出来的就是任何事情先为先生考虑到；做任何事情都把先生尊为上首、自己在后；对先生和颜爱语、态度恭顺；先生吩咐的事情尽量去办到，有什么事情都要尊重先生的意见，不自作主张。

真正有德行的女子，都是非常谦卑、恭顺的。既然丈夫已经委付家内，自己就更要尊重丈夫的意见，这样才能考虑得更加周全，把整个家庭打理得更好。毕竟每个人都有考虑不周全的地

87

方，所以虚心请教别人才是最智慧的方法。不要说经营一个家庭，哪怕是国王治理国家，也要多听从别人的意见，才能把国家治理好，所以妻子对丈夫要"先意承旨"是非常重要的。

佛陀在《善生经》中将父母与孩子的关系及夫妻相处的关系都讲得很具体了，对于我们学习"奉养父母亲"和"爱护妻与子"这两条吉祥如意的方法，是很好的补充。

十三、从业要无害

"从业要无害"是指要从事不伤害他人、不伤害众生的正当职业。它不会带来灾害，因此也是一种吉祥。

世间人的生活大多都离不开家庭和事业，所以人们对于吉祥如意的期望也往往离不开这两方面。前面的"居住适宜处""奉养父母亲""爱护妻与子"等吉祥秘诀大多是关于安家的。接下来，佛陀又赐予我们一个立业方面的吉祥秘诀——"从业要无害"。

一般生活在世间的人，包括在家居士总是要谋生的，每个人都要有工作、有事业。然而，选择工作、选择行业却是一个很大的学问。俗话说："男怕入错行，女怕嫁错郎。"这可是关系到每个人一辈子的事情。

这里，我也根据古圣先贤的教言给大家一些建议：

第一，选择的工作要有意义。如果我们所从事的工作是自利利人的，不仅对自己，而且对众生都是有好处的，不违背因果法则，不伤害众生，不会种下负面种子，那么这个行业就是有意义的正业。就像我们在"广学多闻"里强调的一样，一定要先学习宇宙人生的规律、因果不虚的法则，建立正确的价值观，修养德行，打开心量，然后再学习各种术，术为道服务。学习是这样，择业也是这样，一定要做符合圣贤之道、不伤害众生，最好还能够利益众生的正业，这一条始终都是最重要的原则。所以佛陀也给我们指出，"从业要无害"才能吉祥如意。

第二，要选择自己非常喜欢的工作。在选择正业的前提下，还要选择自己有兴趣的工作。兴趣会产生动力。如果不喜欢而勉强去做的工作，也是很难做好的，只有自己特别喜欢、有兴趣的，才会努力想要把它做好。

第三，最好是自己擅长的工作。当然这第三条必须放在前两条之后来考虑，因为擅长只是个学习和锻炼的过程，如果这个工作非常有意义，同时又是自己很喜欢的，那么只要肯专心致志地勤学苦练，假以时日，最后一定会擅长的。相反，如果是不符合因果法则的恶业，那么就算是本来很擅长的，都不能选择，否则你的擅长就是把自己送入火坑的罪魁祸首。

这三条标准给大家作为参考。古人说："慎于始"。选择行业是一件人生大事，应该慎重考虑、详细观察之后，再做决定。否则，本想通过事业来达到幸福吉祥的，最终却因一个错误的开端而导致人生的惨败。

那么如果已经开始了一个错误的行业，该怎么办？如果我们观察到自己所从事的行业违背圣贤之道、因果法则时，该怎么办？那么就一定要想办法改行了，这是毋庸置疑的，只是你可以给自己一些时间来过渡。千万不要心存侥幸、蒙头前进，因为因果法则对每个人都是公平的，"不是不报，时候未到"。如果在赚钱的同时又在种下很多负面的因，那么这些果早晚会回到自己身上来，最后一定是得不偿失的，所以如果是恶业，一定要尽快转为正业。现在这个社会，负面的行业非常多，杀盗淫妄酒等，大家要非常地小心，不能去参与这些害人害己的行业。有些人担心已经做开了、赚钱了，如果转行会不会赚不到钱？这种担心是因为对财富真正的运作规律还不够了解。如果你有财富的因，就一定会有财富的果，工作只是帮助你兑现财富的一个条件。从事正业不仅可以兑现财富，还能利益他人，种下正面的种子，进入良性循环；从事恶业却在兑现财富的同时伤害他人，种下负面的种子，走向恶性循环，最终将付出惨重的代价。所以，我们应该对自己的未来负责，坚定不移地做到从业要无害，就一定会创造吉祥如意的人生。

中国古代的教育非常重视道，人们从小会立下这样的志向：不为良相，则为良医。良相也好，良医也好，其实都是利益人民大众的一种职业。良医可以利益一方百姓，良相可以利益一个国家。

如果我们能够选择到一个很好的职业，不但能够养家糊口、创造财富，还可以利益社会、利益众生。不仅为自己，也能为子孙、为整个家族积累福报，正如《周易》所说："积善之家，必有余庆；积不善之家，必有余殃。"对于择业入行一定要慎而又慎。

最后，我们引用印光大师的一段话来回顾和思考前面学习到的吉祥秘诀："念佛之人，必须孝养父母，奉事师长，慈心不杀，修十善业。又须父慈子孝，兄友弟恭，夫和妇顺，主仁仆忠，恪尽己分，不计他对我之尽分与否，我总要尽我之分。能于家庭及与社会尽谊尽分，是名善人。善人念佛求生净土，决定临终即得往生，以其心与佛合，故感佛接引也。若虽常念佛，心不依道，或于父母兄弟、妻室儿女、朋友乡党不能尽分，则心与佛背，便难往生，以自心发生障碍，佛亦无由垂慈接引也。"

这是印光大师的开示，与《吉祥经》里佛陀给予我们的教导是一样的。

十四、如法行

　　南传佛教认为，"如法行"是指符合十善业道的清净的行为，包括一个人正直的品行、合宜的行为举止。

　　"如法行"在另外一个《吉祥经》的译本中翻译成"净行"，即清净的行为。"如法行"广义地来讲，就是大乘佛法所指清净的、完全符合因果、符合菩萨道的行为；狭义地来讲，就是小乘佛法所指的十善业。

　　从大乘来讲，只要是符合菩提心的行为就是清净的行为。具体可以参考《华严经·净行品》（见本书附录二）和《入菩萨行论》，因为这两部经论篇幅较长，就不在这里详述。《华严经·净行品》和《入菩萨行论》是大乘佛法中非常重要的两部经论，如果能够学习并按照这两部经论所说的去做，就能让我们的身口意没有污染、没有过失，完全符合"净行""如法行"，最终就一定会吉祥如意。

　　从小乘来讲，只要是符合因果的行为都是清净的行为，具体可以分为十善业。

　　十善业里，身的善业有三种：不杀生、不偷盗、不邪淫；语的善业有四种：不妄语、不两舌、不恶口、不绮语；意的善业有三种：不贪、不嗔、不痴。

十善业的前四条跟五戒是一样的：不杀生、不偷盗、不邪淫、不妄语，我们在"严持诸禁戒"中已经学习了，下面我们来看后面的六条。

第五，不两舌。

"两舌"又叫"离间"，就是挑拨别人的关系，说让别人关系破裂的话语。"两舌"种下的是非常严重的和谐的负面种子。如果我们所说的话会破坏别人的人际关系，那么未来自己的亲友、团队等的和谐关系就会遭到破坏。所以，遇到他人有什么矛盾，要尽力撮合，要说令他人和合的话语，促进团结。这样，未来我们自己的团队及家庭就会和谐、团结。

《文昌帝君阴骘文》中这样告诫世人："勿唆人之争讼，勿坏人之名利，勿破人之婚姻。勿因私仇使人兄弟不和，勿因小利使人父子不睦。"

在"两舌"恶业中，特别严重的是破坏别人的婚姻。有的人自以为"好心"，当朋友哭诉婚姻如何痛苦时，就给她出主意说："既然这么痛苦就离婚算了。"或者对别人的离婚表示赞同和支持，还自认为是在帮助别人解脱痛苦呢，却不知这样做的后果非常严重。要知道，两个人有婚姻的缘分，那都是过去生中注定的：要么讨债，要么还债；要么报恩，要么报仇。一定是有因缘的。哪怕他们之间的关系非常不好，你都要劝和，尽量让他们双方都懂得如何去做好自己，如何去体谅、包容对方，懂得感恩，慢慢去调和他们的关系。其实，任何的因缘都有业力的关系，如果债没还清，即便离婚了，也只是暂时的逃避，这个债还留着以后继续还。我们知道，从因到果，时间越长利息越高。好事有利息，坏事也有利息，懂得这一点，就应该在每一个当下去承受、去忏悔、去改善、去重新种下和谐的因。所以作为旁观者，我们只能劝婚姻中的夫妻双方要互相珍惜、互相包容，一切的因缘也都是无常的，通过双方不断地改善关系、不断地种和谐的因，以后总是会越来越好的。相反，如果我们去劝别人分开、离婚，这个过失非常大，会给自己带来非常严重的后果。

在古代，浙江宁波有这样一个代人写离婚书，功名被削尽的故事：

四明葛鼎鼐，在学宫读书时，每天上学都要经过土地庙。有一天，庙祝梦到土地神告诉他说："葛状元每次经过这里时，我都得起立向他致意，希望你能为我筑一道小墙以便遮蔽。"庙祝就照着土地神的意思，开始准备建筑一道小墙。刚刚才找好了工人，就又梦到土地神托梦给他说："不用建小墙了，葛鼎鼐替人家写休书，他的功名已经被上天一笔削尽，所以我不用再向他起立致意了。"原来当时有位乡人，准备要抛弃妻子，但是他不会写字，于是就请葛鼎鼐代笔帮他写了休书。葛鼎鼐听了庙祝的话，大为后悔，就尽全力挽回乡人夫妇的婚姻。后来他只考中了乡榜，也就是省里面所举办选拔举人的考试，官也只做到了副使的职位。

葛生只是帮别人写了一封休书而已，功名就被削掉了，他造下的就是离间语罪。夫妻不和，理应劝他们和好，帮写休书（离婚书）实际是赞成和支持他人家庭破裂，这样的结果对于夫妻双方都会带来痛苦，所以极损福德。本来，葛生有考中状元的福德，土地神不得不起立致敬，但是写休书之后，功名削尽，土地神也懒得理他了。如果不是庙祝告诉葛生，他可能永远不知道悔改，也永远不知道他曾经的状元福是怎么样被折掉的。因果规律虽然看不见，但是感应却是迅速的，一言一行都有因果。人能积德行善，就会变得越来越尊贵；而造恶损人，就会变得越来越卑贱。

看了这个故事，可能不少人都会后悔不迭。"离婚算了"这句轻飘飘的话，可能已经把自己好几个状元福都折完了。这可不是开玩笑的，古人有句话讲："宁拆十座桥，不拆一桩婚。"这种破人婚姻的罪过实在太大了，如果以前做过这种事、说过这种话，一定要好好忏悔。

夫妻关系是五伦关系中的核心，两个人结婚并不仅仅是两个人的事情，其实是两个家族的结合。每一个人并不是独立的个体，后面都有着很多的人际关系，一旦走入婚姻，后面牵扯的关系是非常复杂的，如果有了孩子，那就更复杂了。所以，离婚伤害的不只是夫妻两人，而是非常多的人，包括孩子、双方的父母、兄弟姐妹、亲朋好友等等，凡是有关系的人都会受到牵连、都会受到伤害。

一家兴，一国兴。家和万事兴。所以在中国古代，家庭的和谐是非常重要的。而家庭和谐的核心就在于夫妻的和谐，如果夫妻不和谐，家庭是不可能和谐的。婚姻为什么被称为人生大事？它不是一个人的人生大事，而是整个家族的大事。《关圣帝君觉世真经》里说要"敬天地，礼神明，奉祖先，孝双亲，守王法，重师尊，爱兄弟，信朋友，睦宗族，和乡邻，敬夫妇，教子孙"。这里所有提到的其实都是一个整体，是不能分开的。如果夫妻不和睦，首先"敬天地"就没有做到了。古代结婚首先要拜天地，感谢天地的养育之恩。夫妻如果不和睦，首先就对不起天地了。"举头三尺有神明"，夫妻不和，痛苦不堪，诸佛菩萨看了都会悲伤落泪。《普贤行愿品》云："若令众生生欢喜者，则令一切如来欢喜。"怎样才是真正的"礼神明"，不一定是在佛陀面前磕多少头、供多少水果就是礼神明，更重要的是要听从佛陀的教言。如果能够对众生有慈悲心，真正去力行孝道、力行因果法则、力行圣贤之道，让所有与你相处的人都非常开心，让他们能够渐渐地破迷开悟、离苦得乐，这就是对诸佛菩萨最好的礼敬。

这里需要特别强调的是，作为佛弟子，礼神明唯一就是皈依佛、法、僧三宝。很多人在神明面前供猪头，这样做，神明肯定是不会欢喜的。因为所有的神明都是有慈悲心的，没有慈悲心是不可能成为神明的。每天供猪头，请来的绝不是神明，而是没有慈悲心的罗刹、恶鬼、妖怪。我们一定要记住：如果心正，请来的就是正神、善神；如果心邪，请来的都是恶鬼、罗刹、妖怪。

夫妻之间能够和睦相处就是最好的礼神明。那么夫妻之间要怎样才能和睦？《弟子规》里讲要"抱怨短、报恩长"。可是有些夫妻却偏偏"报恩短、抱怨长",别人对自己的好很快忘记,别人对自己的不好却刻骨铭心,吵起架来都是抱怨和数落,这样对彼此的感情是很大的伤害。

"守王法,重师尊,爱兄弟,信朋友,睦宗族,和乡邻,敬夫妇,教子孙。"这些都是建立在夫妇和睦的基础上。因为这个世界上所有的关系里,夫妇的关系是最亲密的。因为夫妇叫"室"——同处一室,这个是最小的单位,然后是"家",最后是"国"。所谓修身、齐家、治国、平天下。试问:室不和,家会和吗?家不和,国能够和吗?毫不夸张地说,夫妇的和睦关乎天下的太平。如果夫妇不和睦,家庭就难以和谐;家庭不和谐,天下就不能太平。为什么破坏夫妻关系的罪过这么大,就是这个道理。夫妻关系是整个伦常关系的核心,室的关系破了,家的关系也破了,国的关系也破了,所有一切的关系都破坏了。很多人没有看到夫妇关系的重要性,任意地快速结婚、快速离婚,这都是没有智慧、不负责任的一种表现。

所以,其他夫妇之间的关系不好,一定要想尽办法以各种各样的方法来劝和,千万不能够赞同离婚,这个罪过很大。古代那位书生,只是赞同和帮助别人离婚,并没有主动挑拨、劝别人离婚,而且后来还悔过、弥补了,但功名还是被削去很多,官阶也小了很多。这说明破坏别人婚姻关系的恶报非常大,大家一定要非常地小心。

如果以前已经做过"两舌",甚至"破人婚姻"的事该怎么办?那就好好忏悔,并且发愿:从今天开始,生生世世不去破坏别人的关系，不去赞同别人离婚，一定要想尽办法维护所有夫妻关系的和睦，帮助所有人际关系的和谐。这样，未来我们自己才能够有和谐的关系、和谐的婚姻。如果不及时地这样去改正，早晚有一天，所做的一切都会加倍地回到自己身上来，要知道，没有人可以挡得住业力的报应。

第六，不恶口。

什么叫恶口？恶口就是讲让别人听了不舒服的话。骂脏话、讽刺、挖苦、"形人之丑、讦人之私"等等，凡是讲让别人听了很不舒服的话，都是恶口。佛门讲，一个人要学习爱语、和语、雅语。爱语，就是充满慈悲、慈爱的语言；和语，就是能促使别人和谐的语言；雅语，就是高雅、艺术的语言。

"不恶口"和前面所学的"言谈悦人心"其实是一个意思。前者是强调我们的语言要杜绝那些让人不舒服的话语，后者是教导我们要说让别人听起来很欢喜的话语。有的人认为说话直爽是一种正直、真诚的表现，甚至还标榜心直口快为自己的优点，其实这是一种认识上的偏差。难道正直、真诚就一定要心直口快，甚至出口伤人吗？即使是一句真实的话，为什么不考虑好时间、场合及说出后的结果再说出去呢？同样是一句真诚的话，为什么不能以别人欢喜舒服的方式来说呢？当我们想说就说、不顾别人感受时，有没有想过这样的一些话回到自己身上会是什么滋味？刀子伤人，疤痕尚能愈合；话语伤人，这留在人心上的伤痛就很难忘怀了。为什么说"病从口入、祸从口出"？有时候，就是一句口无遮拦的话，断绝了多年的交情，更有甚者，还会给自己带来杀身之祸。不仅古代如此，现代社会也是一样。我们从一些新闻中痛心地看到，有些人只是在街头、超市发生冲突，就由语言的伤害，快速升级到身体的伤害，甚至闹出了人命。如果大家都能管好自己的嘴巴，不说恶语，尽量都说爱语、和语、雅语，那这个世界该多么美好！

《了凡四训》和《俞净意公遇灶神记》都是古代改造命运的真实案例。两篇文中的主人公袁了凡先生和俞净意公，都是通过改恶从善、修身养性而改变了自己的命运，获得了人生的幸福和成功，其中都不约而同地谈到了两人在语言方面的反省和修正。袁了凡先生认识到自己"直言直行，轻言妄谈"都是薄福之相，而在云谷禅师面前反省，发愿改过。俞净意公之前一直以"语言敏妙，常令谈者倾倒"而自恃，虽"心亦自知伤厚"，但总是"随风讪笑，不能禁止"，后经灶神点化，方知自己"舌锋所及"早已"触怒鬼神，阴恶之注，不知凡几"。从中我们看到语言的作用有多大。有人把嘴巴比作开关，如果我们讲妄语、两舌、恶口、绮语的话，那就等于打开了这个开关，流出去的全都是自己的福气。这个比喻还是很有道理的。古话说："片言必谨，福之基也。"真正有福气的人讲话都非常谨慎，三思而言，而且讲话也都非常地讲究艺术。

特别是在中华优秀传统文化智慧"女学"里，也讲到女子四德：德、言、容、功。其中的"妇言"就是指女子讲话的艺术。我们想想看，一个开口扔斧头的女子和一个口出莲花的女子，哪个更受人欢迎，更能团结和谐整个家庭？谁都不希望被斧头砍伤，所以我们千万不要把斧头扔出去伤人。特别是女孩子，讲话更需要艺术，一定要和颜爱语，不能够恶口。

第七，不绮语。

绮语的定义就是没有意义的话，只要是不符合圣贤之道的话都是绮语。这个对于现在的社会来说，基本上每个人都难免，两个人在一起聊天只要超过半小时，里面肯定会有绮语。那是不是说绮语的现象很普遍，就不需要太在意了呢？让我们来了解一下绮语的危害，自会做出抉择。

绮语的危害非同小可。其一，绮语，会让我们的心会变得很散乱。佛陀在《遗教经》中说："制之一处，无事不办。"如能专心致志做一件事情，没有什么事情做不到；如果心不能专注，什么事情都做不成功。修行更是需要"制之一处"。修行时，心要非常地清明、专注，才能有好的效果，才能获得最终的成就。菩萨的六度：布施、持戒、忍辱、精进、禅定、般若，是层层递进的，没有禅定是不可能最终获得般若智慧、破迷开悟的。所以，无论世出世间，要想获得成功，专注都是不可或缺的一种能力。但是绮语却会让你渐渐丧失这种能力，你会心不由己地散乱，会发现自己思想无法集中，记忆力越来越不好。这就是平常爱说无意义的话所导致的结果。

其二，绮语会引发别人的贪嗔之心，造成对他人的伤害。比如说，我们聊天聊股市，说到股票行情好啊，哪个股票涨势好啊，这很容易引发别人的贪嗔之心：这么好，我要不要也买一点？哎呀，又涨了，我要不要再多买点？马上就被贪心所控制了；如果接下来跌了、赔钱了，马上嗔恨心又起来了。还有，谈论房产，讲买房子很赚钱啊，房产还要涨价啊，这又会引发别人的贪心。有人听了蠢蠢欲动，钱不多也要想办法贷款多买几套，没钱也要想办法先挪用公款买一套，各种各样的罪恶就出来了。如果最后还不起贷款、还不上公款，走投无路、跳楼跳河的，这些都是贪欲惹的祸啊！

中国古人有句话叫"欲令智迷，利令智昏"。欲望导致我们迷惑，利益导致我们昏头。不要认为只是谈股市、谈楼市而已，其实已经在种下无穷的恶业。如果一个人的贪欲心、利益心被引发起来了，智慧就降到零了。有利必有害，一个人在利益面前就会头脑不清醒，只看到利益，看不到危害。《妙法莲华经》云："诸苦所因，贪欲为本。"大家要了知贪嗔之毒所带给人的伤害，尽量避免在一起说那些引发别人贪嗔的绮语。

我们所有的话语最好都是能符合圣贤之道的、真正有意义的话。那么是不是不能谈利益、说赚钱？也不是。但一切的利益必须是在道义的前提下，赚钱也一定只赚符合道义的钱。《关圣帝君觉世真经》中有一句话讲得非常好："但有逆理，于心有愧者，勿谓有利而行之"，如果违背天理、违背因果法则，哪怕有利也不能做，这就是"不取不义之财"；"凡有合理，于心无愧者，勿谓无利而不行"，如果符合道理的、符合因果法则的，哪怕没有利益，我们都应该去做，这就是重义轻利。

不义之财取了以后，总有一天会加倍吐出来，而且会吐得很痛苦。《关圣帝君觉世真经》后面讲到"生败产蠢"，这是说多行不义之人将会得到的一种果报。"生败"就是生一个败家子，"产蠢"就是生一个痴呆的孩子。如果取不义之财，哪怕是赚了很多很多钱，都会有其他的不吉祥，甚至会有"敌人"打入内部，来帮助消耗这些财产。

所以，大家在一起时最好就是学习分享古圣先贤的智慧。佛经中说，最大的一种功德，就是有人在讲法，有人在听法。何必要去说那些引发散乱和贪嗔的绮语呢！

第八，不贪。

贪，就是过度的欲望，超过了生存需要，还想再得到，就是贪。一个人的生活，能够生存就够了，这个是你需要去争取的。但是当我们已经没有生存问题了，却还总想着好了还要好，那就是一种贪心。

"知足者富"。真正的富是懂得知足，真正的富是内心的富足。有些人虽然有很多钱，但他老是觉得不够，内心总是在匮乏、渴求的心态中，这就说明他内在还是个穷人。而有些人，无论他有没有很多钱财，就是觉得自己的生命已经够富足了，不需要再多东西，还想要分享给他人，这个人是真正富有的人。什么样的心态就决定什么样的命运，匮乏的心态决定了穷困的命运，富足的心态决定了富有的命运。

以前有一个笑话我们应该记住，可以帮助提升自己的正知正念。

这个笑话是说：有两个人，因为造恶业下了地狱，终于有一天能从地狱解脱出来时，阎罗王对他们说："你们两个人，现在可以去投胎做人了。但是，你们必须要做一个选择题，可以抢答，一共有两个答案，每个人只能选择一个答案。"

于是阎罗王开始出题："你们中的一个人，必须有一个一生中一直要收获……"题目还没出完呢，其中一个人马上站起来抢答："我要一生都收获！"他怕别人抢走。

然后，阎罗王继续说："另外一个人必须一生中一直要付出。"另外一个人没办法，只能要一生中一直付出了。

最后两个人就投胎去了。

结果是，一生当中一直要收获的那个人做了乞丐。因为他老是要去收获，所以就挨家挨户、五分一毛地每天去收获，一生中一直都在乞讨。

一生中一直要付出的那个人就变成了大富翁，钱实在太多了，所以只能到处去捐款。他每天想着这钱太多怎么办呢？每天都在安排捐钱的事，一生中一直都在付出。

听到这个笑话，我们每个人问问自己，如果是你，你会选哪一个答案呢？

我们可不要把这个故事仅仅看成是一个笑话一笑了之。其实我们每个人每天都在做这个选择题，考试的老师倒不一定是阎罗王，考我们的人非常多，只要有利害得失的时候都在做选择题，你是选择付出还是选择收获？

我们学过因果法则的人都知道，付出时其实就是在种未来收获的种子。而收获时，其实是在消耗自己过去的种子，是在折损自己的福报。所以，不管到哪里去，你可以选择总是"放债"，老是让别人欠你的，换句话说就是不管到哪里去，你总是去付出。中国古代经典著作《予学》里说："予非失，乃存也。""予"并不是失去了，而是存在那里，未来会得到更多的果报。所以，我们如果经常让别人存在我们这里，那就要小心了，并不是不用还的，总有一天得加倍还回去。懂得了这个道理，我们不仅不要去占别人的便宜，还要多多地付出才对。"多予不亡，少施必殃"，给予不会让我们穷尽，少付出才会导致遭殃。所以越是吝啬的人越会遭殃，越是慷慨的人越会兴旺。

这就是"不贪"的道理，越贪就越索取，越索取就债务越多，最后就不得不天天被业力追债；越不贪就越付出，越付出就存款越多，最后就天天享受送上门来的福报。所以，为什么有些人，不管到哪里都会有很多的顺缘，不管到哪里都有贵人相助，那是因为他曾经付出了很多；而有些人不管到哪里都处处碰壁，做什么都不成，那是因为他过去总是爱占便宜。一切都是自己的因果，想要的幸福吉祥都掌握在自己的手里，秘诀就在于遇到得失利益的选择题时，千万别选错了答案。《文昌帝君阴骘文》云："救人之难，济人之急，悯人之孤，容人之过，广行阴骘，上格苍穹，人能如我存心，天必赐汝以福。""济急如济涸辙之鱼，救危如救密罗之雀。矜孤恤寡，敬老怜贫。措衣食周道路之饥寒，施棺椁免尸骸之暴露。家富提携亲戚，岁饥赈济邻朋。""印造经文，创修寺院。舍药材以拯疾苦，施茶水以解渴烦。或买物而放生，或持斋而戒杀。"《关圣帝君觉世真经》云："创修庙宇，印造经文，舍药施茶，戒杀放生，造桥修路，矜寡拔困，重粟惜福，排难解纷，捐赀成美，垂训教人。"

感恩佛陀、古圣先贤给我们揭示了这些亘古不变的宇宙规律，今天我们能够听到这样的智慧是非常有福报的。现在社会上很多人为了寻求幸福之道而去上一些课程，但是很多的课程并没有告诉大家真正符合幸福规律的智慧。相反，有些课程分明是在引导不幸，他们要大家"励志"，把别墅的图片、BMW的图片贴在墙上每天看，天天告诉自己：我要BMW！我要别墅！天天梦想金钱如潮水般向自己涌来……这叫"励志"吗？这是在"励欲"，激励欲望，让大家都"欲令智迷，利令智昏"，最后只能是金钱如退潮般远离自己。

我们当然需要励志，但要懂得什么才是志。志不是私欲、不是为自己。"先天下之忧而忧，后天下之乐而乐。"心怀天下，想着天下百姓那叫志；"读书志在圣贤"，一心要"为往圣继绝学，为万世开太平"那叫志。想着自己那叫自私、那叫欲，根本谈不上志。为自己的都是欲望而已，为别人的那才是志向。

"少年养志"，教育孩子，千万不能够鼓励他的欲望，而要鼓励他的志向，要把他的心量放大。一个人从小的心胸气度，决定了他未来人生的格局，决定了他未来一生的成就。

在中国历史上有两个家族世世代代兴旺，第一个是孔老夫子的家族，兴旺了两千多年；第二个是范仲淹的家族，兴旺了九百多年。这两个家族一直到现在还是非常兴旺。

范仲淹的母亲教育他从小立志"不为良相，则为良医"，所以他长大以后成为一代名臣。他的谥号叫文正，那是在他逝去后皇帝给他的一个称号。谥号文正的人非常少的，从古到今没多少人，这个谥号就是对范仲淹一生最好的评价，说明他一辈子走的完全是圣贤之道。为什么他能够成为圣贤？是因为从小立志"不为良相，则为良医""先天下之忧而忧，后天下之乐而乐""居庙堂之高则忧其民，处江湖之远则忧其君"。他在朝廷做官时每天想着百姓，被流放到很遥远的边疆时，每天想着皇帝是不是英明、是不是疼爱百姓。圣贤的存心丝毫没有为了自己，一心只为天下苍生，所以他家世世代代都非常兴旺。

相反，"励欲"不可能造就成功，贪欲只能让你所有的愿望都不能满足，这就是因果的规律。什么样的心能够让我们心想事成呢？就是不贪。对任何的东西都没有了贪心，恰恰就是能够吸引所有的东西向着你来的方法，就是能够让你心想事成的方法。佛陀已经完全断除了贪心，对一切都不贪，所以佛陀是全宇宙最富贵的人。

佛陀的净土全都是七宝所成。在阿弥陀佛的西方净土中，铺路、造房子的建筑材料全都是金银、琉璃、砗磲、玛瑙。我们的黄金要锁在保险柜里，而在佛的净土，黄金是用来铺地的，而且是100%的金，没有任何杂质，非常地柔软。我们这里的黄金、七宝都是硬邦邦的，因为纯度不够，而在佛陀的净土里，所有的黄金、七宝都是非常纯净、非常柔软的，虽然是七宝为地、黄金为地，但是踏在上面很柔软、很舒服，而且，所有的七宝都有非常芬芳的香味。

极乐世界有"七宝莲池"，是七宝做成的。莲池的水底铺的是纯金的沙子，里面是八种功德的水，只要在里面洗洗澡就可以消业障。在那里洗澡，你想要水温多少度，它马上就变成多少度，随你的意念控制，而且无论有多少人同时在七宝莲池里，每个人感觉的都是自己所规定的温度，互不妨碍；更神奇的是，水还会随着每个人不同的想法，提供不同的水流方向和水位高低，完全顺应每一个人的心意；而且，水流的声音都是在讲经说法，你想要听什么经，水流的声音马上就给你讲什么经。

极乐世界所有的房子全都是由柔软的七宝所构成，而且能够随你的意愿而变化。今天你想要北京故宫的样子，它马上就变成故宫；明天你想要美国白宫的样子，它就变成白宫。你想要什么样的都可以，而且每天都可以换。

所以说，无论如何一定要去极乐世界，到了极乐世界一切都可以随心所愿。为什么会这样呢？就是因为极乐世界的菩萨都没有贪心，所以一切都可以随心所欲。

极乐世界里，你想吃什么，马上在你的面前出现一个"七宝钵"，你想要吃什么美味佳肴，马上就来什么美味佳肴。而且无论你怎么吃，肚子都不会胀，可以一直吃，吃上两天两夜，还是很舒服。不像我们这里，再好吃的东西多吃一点肚子就胀了，再吃就吃坏了，快乐就变成痛苦了。在娑婆世界，所有快乐都是有副作用的、都是有限的。

极乐世界里，各种美味佳肴不管你怎么吃，肚子都不会胀，而且还没有大小便，不需要上厕所。如果你吃完了，不想吃了，七宝钵就自然消失，还不用洗碗，所以去了极乐世界，就不用每天为谁洗碗吵架了。还有更好的，如果你不想吃饭，可以三天三夜不吃饭，一点都不会饿，你觉得吃饭太麻烦了，就可以一直不吃。所以，佛陀的净土功德不可思议啊！

穿衣服也是随心所欲的，不用出钱去买，甚至不用伸手去穿，想穿什么名牌都没问题，只要想，它们就穿在身上了。如果你想换别的，它马上消失，换一件新的，就这么简单，而且不用洗衣服。

极乐世界的"六时雨花"，一天二十四小时分成六次，每四个小时下一次雨，但下的不是水，是鲜花。大家都知道南京有个雨花台，雨花台是怎么来的呢？相传南朝梁天监六年（公元507年），金陵城南门外高座寺的云光法师常在石子岗上设坛说法，说得生动绝妙，感得天雨妙华，天上竟落花如雨。所以，那个地方就被称为雨花台。在极乐世界，一天六次下花雨，花雨下到地上后就自动排列成漂亮的图案，整个大地全都是鲜花组成的各种图案，踏在上面就像踏在美丽柔软的地毯上，非常舒服。而且，一点都不会被踩坏，脚抬起来后，花马上又恢复如初。过了四个小时后，前面的花自然消失，又开始下新的花雨，真是美妙绝伦。

以上所说，都是在《无量寿经》和《阿弥陀经》里记载的。娑婆世界的人，如果没有佛陀给我们讲说，根本无法想象佛陀的净土究竟有多好。从古到今，为什么这么多的高僧大德都发愿要往生到极乐世界？极乐世界不仅有种种的好，更重要的是，这些好能够为我们提供一切的修行便利，让我们的修行没有后顾之忧。

　　我们在娑婆世界修行太不容易了。为了吃饭穿衣、住房买车、养儿育女、升官发财……每天忙得要死,哪还有时间修行?没有空闲怎么能很好地学修佛法呢?所以,娑婆世界的人非常痛苦,想要学习佛法,却有非常多的障碍,好不容易有条件修行了,家人又不支持;家人支持了,身体又出状况……种种的障碍、种种的违缘太多了。而且短暂的一生很快过去,每个人都逃不过死亡。

　　到了极乐世界,所有的这些问题都没有了。每个人都是金刚那罗延身、都是金刚不坏身,从来不会生病,也不会老,每个人都是青春永驻,永远都是十六岁的样子。而且每个人都是非常地漂亮,每个人都是八万四千种相、八万四千种好,都漂亮得无以复加,我们根本想象不出来,只有自己去了净土才知道。当你去了净土,会发现,不单佛是如此地庄严,自己也会变得和佛一样庄严。不像在娑婆世界,有的人漂亮,有的人丑陋,人心就不平衡。到了极乐世界,每个人虽然还是不一样,但是漂亮的等级是一样的,都是八万四千相、八万四千好,都极其地漂亮,而且青春不老。每个人都无量寿,不会无常,所以非常地殊胜。

　　为什么极乐世界这么美好呢?是因为阿弥陀佛的大愿,希望每个在净土的人都能够好好地修行、都能够早日成佛,然后再到其他世界去度化众生。

　　我们为什么要去极乐世界?并不是去享受,而是去到那边向阿弥陀佛学习、向观世音菩萨学习、向大势至菩萨学习。早日能够像这些伟大的佛菩萨一样，具有无上的智慧、慈悲和力量，再回娑婆世界来帮助其他众生。极乐世界是一个大学校，阿弥陀佛就是校长，观世音菩萨、大势至菩萨就是老师，清净大海众菩萨都是我们的同学。我们想要具足的一切美好和丰富，阿弥陀佛都早已为我们准备好了。

佛陀的净土之所以如此美好，就是因为佛陀断尽了贪欲，具足了圆满的福慧。大家要明白，一切的丰富都来自于没有贪心。当你的贪心完全断除的时候，你的世界就会变得无比美好，你一切的愿望都可以实现，想什么就会实现什么。只要内心中还有贪欲，那么外境就会有匮乏。内心的贪婪导致匮乏，内心的富足带来心想事成。

所以真正要成功应该怎么做？应该减少自己的欲望。我们越是减少自己的欲望越是能够心想事成。我们经常要跟自己讲一句话："我什么都不要。"为什么？因为你知足，你觉得生命已经很丰富了，应该要去分享给别人，而不是老想着应该怎么去得到。如果你老是想着要得到，那你就选择了做乞丐。如果总想着"我什么都不要，我还有很多东西可以分享给别人"，那你就选择了做富翁。就是这样，这一点非常重要，我们自己一定要调整自己的心态，不能够有贪心。

有些人说："哎呀，这次赚钱的机会实在是太好了，我如果不去赚，太可惜了！"其实你不会有任何的损失。举个例子，比如说有一笔生意可以赚二十万，但是你今天放弃了，那你会不会损失二十万呢？不会的，因为只要是你的福报，终究还是记在你的因果里面，不会被别人抢走的。而且你越是不去赚，它越是会不断增大。所有的福报都是如此，你只要不去享受它，它就在不断地增长；你享受了，它就没有了。这就是因果律，就像你种的瓜被你吃掉了一样。别担心你的福报不用会消失或烂掉，你越不用它长得越大。

所以，"机会失去了以后就再也没有了"这话不完全正确。只要是我的因果，一定会回到我身上来的，绝对不可能掉到别人身上去。今天不赚我放着，哪天想赚了我一定可以赚回来，因为这是我的业力、我的福报。如果这个不是我的福报，就算看上去是绝好的机会，就算我削尖脑袋、想尽办法都不可能赚到这个钱，而且还有可能亏本，这种现象也是有的。在生意场上常常有这样一种情况：同样一个项目，有人去做赚钱了，有人去做就亏本了，因为每个人业力不一样，和项目、机会都没有直接的关系。如果一个人真的有福报，他做什么都会成功；如果没有福报，做什么都不会成功，再多的机会也没有用。

一个人的一生如果不修行，其实福报是有定数的、是有限的。一辈子能赚多少钱，是以前的业力决定的，以前种下多少因，现在得到多少果。所以大家千万不要急，在名利的路上，你完全可以大方一点，不用急的。如果你有福报，但是你懂得因果的法则，慢一点去兑现，懂得退让，你未来就会有大财。

举个例子，一个苹果还没熟，你摘下来了，可能只是一个小苹果、酸苹果，而且吃完后就没有了，种子已经兑换成结果了；你如果不去摘它，哪天这个苹果成熟了，照样会掉在你头上，不会掉到别人头上。因为种子成熟，一定会有果的，不是你要不要的问题。你如果提前去摘，反而收获不大。所以我们应该懂得知足。今天有，就够了，不要再去求。哪怕人家给我，都要尽量地不去享用。用了，就把你的福报兑换出来了；不用，它还是存着。不但存着；利息还在增长。《弟子规》云："凡取与，贵分晓，与宜多，取宜少。"所以为什么尽量地不去要，而且还要多给予别人，这就是我们修行人应该懂得的一个道理。

第九，不嗔。

嗔恨心就是希望别人不好。如果内心中有这样的念头产生，一定要记住，这就是未来痛苦的种子。"出乎尔者反乎尔"，出自于你的，必将返回于你。你希望别人不好，就是未来自己有不好结果的一个原因。所以有句话说："这个世界上所有的快乐都来自于希望别人快乐，这个世界上所有的痛苦都来自于只希望自己快乐。"自私地只想着自己都是痛苦的根源，不要说发嗔恨心去希望别人不好了。所以佛陀告诫我们一定要"不嗔"。

嗔恨的心态有时在我们心里表现为"幸灾乐祸"。听说自己的某个怨敌碰上倒霉的事情，不禁喜从中来：哈哈！总算轮到他了，谁让他过去对我不好，报应来了吧！太好了！不要以为你只是"哈哈"了两声，这个果报可大着呢！以后碰到困难时没人会帮你，人家也会幸灾乐祸，看着你死。种种子不光是做出去的行为和说出去的话，起心动念都会种下强烈的种子。这个种子不是种在别人那里，是种在自己的心田里。当我们在心里发起嗔恨、仇恨的心念时，你就在创造一个充满伤害和敌意的世界，这就是你未来的世界。心念的力量是无比强大的，我们诅咒他人或祝福他人，并不一定能对他人造成什么影响，这取决于他人的因果，但是一定会给我们自己造成不可磨灭的影响，哪怕是一刹那的嗔恨或是慈悲，就已经决定了我们未来是痛苦还是快乐，再细微的因果都绝不会空耗！

再者，有一种情况是我们学佛人容易经历的，就是明白了一些因果法则之后，以为自己懂了很多，就到处去看别人毛病、揭别人伤疤。看到别人遭遇不幸，就说："你看，这就是你恶业成熟了。"这句话对不对？是对的。但是哪样事情不是因果成熟了而发生的呢？还要你来讲？本来他已经很痛苦了，这时我们应该将心比心地去同情别人、关心别人、安慰别人，千万不要说这种揭人伤疤、令人更痛苦的话。比如人家生病时，我们应该想怎么去照顾他，为他寻医问药，而不是在别人痛苦时还说："这就是你的恶业成熟啦，你得好好修金刚萨埵忏悔才行啊！"虽说人人都在自己的报应中，但是谁都不愿意听别人说自己自作自受吧？你这句话讲出来，就如同盐水泼在他伤口上一样，不仅非常地不慈悲，也是非常地没有智慧，不仅会马上破坏两人的和谐，当下也给自己种下了痛苦的种子。你可以换位思考一下，如果是你在遭受极大痛苦时，愿意看到有个人冷眼旁观地说"都是自己的恶业啊，忏悔吧！"？所以，大家一定要记住，我们学了因果法则，不是用来判断别人，也不是用来去给别人下定义的。每个人都有恶业成熟的时候，这也没什么特别。作为佛弟子此时应该做的就是去关心他、安慰他、想办法减少他的痛苦，这才是最重要的。藏地公认的大成就者阿秋法王在遗教中说："大家都是凡夫时，哪有对和错，不过是无明对无明、可怜对可怜。何况对任何人的指责和抱怨都是嗔恨的一种，会毁了自己的善根和福报。佛弟子要和睦相处，牢记啊，牢记！"

《佛子行》中也有这样一段对治嗔心的教言："自嗔心敌若未降，降伏外敌反增强，故以慈悲之军队，调伏自心佛子行。"嗔恨最后得到的结果就是自己会很痛苦、会受到很多的伤害，这就是我们矛头对外的结果。其实真正的敌人并不在外面，真正的敌人就是我们内在的无明。我们只有把嗔恨心转换为慈悲心，以慈悲的军队来向内调伏自己的烦恼，才能真正灭除所有的怨敌，这就是儒家所说的"仁者无敌"。

但是这并不容易做到。虽然很多佛弟子都知道"一念嗔心起，火烧功德林"，但是对治嗔心却是个很艰苦的长久战，因为我们的习气太重，因为我们还不够明理，对伤害我们的人，不但不嗔恨他，还要慈悲他。很多人想不通也做不到，但其实这是很合理的，因为的确不是我可怜，而是他可怜。如果有个人嗔恨我，甚至害我、打我、骂我，其实是把我过去曾经恨人、害人、打人、骂人的果报转换消失了，我的负面种子因此提前兑现，不会隐藏在那里等以后更强烈、更加倍地呈现出来，所以对于我来说其实是件好事，所谓"吃苦了苦"了。但是对于他来说却种下了负面的因，未来会感受加倍的痛苦，他才是真正可怜的。

所以，当别人对我们不好时，不但不能够生气，反而应该慈悲地对待别人。如果我们生气，甚至反击，那很显然又种下了一个新的恶因；如果我们能反省到这是曾经给出去过的恶业回来而已，进而慈悲地对待伤害我们的人，那就是我们结束痛苦的循环，重新进入快乐循环的开始。

以前有位朋友对我说："老师，对好人要慈悲，这个我想得通，对坏人您让我慈悲，这个我就想不通了。"其实这个道理很清楚，如果今天你是一位母亲，有两个孩子，其中一个非常聪明、乖巧，而且有福报，自己就能搞定一切，那你需不需要照顾他？肯定不需要了，因为他自己已经很成功、很幸福了；而另外一个孩子却是一个精神病患者，每天控制不住地伤害自己，甚至伤害他人、伤害你，那么你作为母亲会嗔恨或舍弃这个生病的孩子吗？不，你只会给这个孩子更多的慈悲和关爱。

我们与人相处也是一样，如果一个人品行高尚、知书达理，我们不需要去慈悲他，因为他比我强、比我好，应该他来帮助我，我去向他学习；但是如果一个人非常地恶劣，蛮不讲理，处处害人，这才是特别需要我们慈悲的，因为他就像精神病患者被病所逼无法自控一样。所谓的坏人也是被业力所迫，身不由己。谁不想做个好人？谁不想要幸福和谐？但是很多人根本不知道怎样获得幸福，而且不停地在种下痛苦的因，难道不值得我们去慈悲吗？"可怜之人必有可悲之处"。越是恶劣的人，其实我们越是要对他生起慈悲心，他们才是最可怜、最可悲的。《佛子行》中说："吾如自子爱护者，彼纵视我如怨敌，犹如慈母于病儿，尤为怜爱佛子行。"所以不管是为了自己还是为了他人，都不能够有嗔恨心。

第十，不痴。

最后一个，就是我们不能够有愚痴之心。什么叫愚痴呢？愚痴就是不懂得宇宙人生的真相、不懂得因果的规律、不懂得一切空性的道理。不知道事物的规律和真相，这就叫愚痴。愚痴会让我们产生邪见，进而导致我们身口意方面种种的错误行为，给我们的人生带来痛苦和黑暗。我们一定要学习掌握真正的智慧，真正的智慧就是正见。主要指：一是因果的正见，相信因果，遵循因果，知道什么事情该做、什么事情不该做，这是懂得取舍的智慧；二是能够看到万事万物的无穷潜在可能性，能够洞达一切诸法的本质、了达空性的智慧。只有不愚痴，具足正见，才是最根本的幸福吉祥的源泉。

十五、布施

藉由布施，我们将得到功德。而且当我们布施时，也正是在修持慈悲与不执著。

第十五种吉祥如意的秘诀是"布施"。布施在佛经里分成三种：财施、法施、无畏施。

《优婆塞戒经》云："乐施之人可获五种利益：一、终不远离一切圣人；二、一切众生乐见乐闻；三、入大众时不生畏怖；四、得好名称；五、庄严菩提。"

财施就是钱财、物质的布施，帮助解决他人财物上的需求。布施财物可以帮助我们破除内心的悭贪和吝啬，培养慈悲利世之心。我们在上一个吉祥秘诀中了解到，要想吉祥如意，我们要做到"不贪"，但是"贪嗔痴慢嫉"这残害我们的五毒，每一个都要下一番苦功才能对治。怎么对治对于财物的贪执呢？"布施"就是一剂对症的良药。"得失之患，启于不舍"，患得患失的心态，是因为不舍、不布施。如果懂得布施，常做布施，就不会有得失之心，就能免于贪执对自心的折磨。把布施当作对治内心悭贪的一种修行，不仅能获得不贪所带来的吉祥和自在，而且你会亲身感受到越布施越富足的真实果报。"舍得舍得，不舍不得。"其实我们在舍的时候，就是在得了。还记得吗？"予非失，乃存也。"布施财物就是未来可以获得财富的因，我们要想变成一个富有的人，要想成为一个财富丰足的人，就一定要做财物的布施。布施财物不仅可以饶益他人，而且可以对治自己的贪心，培养富足的心态、慈悲的心态，同时还在积累自己的财富种子，真是一举多得的吉祥秘诀，何乐而不为呢？

法施就是以智慧来布施、以佛法来布施。一切的痛苦都来源于愚痴和无明，就是因为不了解宇宙人生的真相和规律，人们才会做出种种与幸福吉祥背道而驰的行为。能够治愈众生无明大病的就是佛法，就是智慧。当我们有能力做"法布施"时，不仅能够帮助他人去除内心的无明和痛苦，自己也会得到更多的智慧，"分享智慧，得到智慧"，法施将会给自己带来光明智慧的果报。

既然智慧能够带给人们幸福和吉祥，那么施予智慧的人当然也会得到相应的吉祥，所以佛经中说，讲经说法会有以下五种果报：

第一种果报是长寿；第二种果报是富贵；第三种果报是和谐；第四种果报是诚信、好名声，第五种果报是智慧。

因为讲经说法时劝导别人不杀生，别人听后力行不杀生，就会得到健康长寿的果报，所以讲法的人也能够健康长寿；说法劝别人不偷盗、勤行布施，听法者因此而得到富贵，说法者也可以得到富贵；说法劝别人不邪淫，劝别人不要种下不和谐的因，听

119

法者因为明理而能守持清净的戒律，维护了伴侣关系的和谐，讲法者也种下了眷属和谐的因；讲经说法劝别人不妄语，听法者依教奉行而获得诚信，说法者也同样会得到美好的名声、诚信；讲经说法劝别人不饮酒、不抽烟、不去做愚痴的事情，听法者听后能戒除这些对智慧有极大伤害的行为，讲法者因而也会得到更多的智慧。给出什么得到什么，讲经说法直接给出了智慧，间接给出了健康长寿、富贵、和谐、诚信等等，所以得到的果报也非常地殊胜。

但是，要想能够做佛法的布施，还是比较困难的，因为如果讲错了法，误导了人，过失也是很大的。所以，讲经说法必须要有个前提，就是一定要讲得正确。有大德说："懵懂传懵懂，一传两不懂，师父下地狱，弟子往里拱。"所以讲错法的下场非同小可，大家一定要谨慎小心。

在佛教的传统中，一个人是否具备讲经说法的资格，是一定要经过善知识的考核鉴定的。考核合格了，才能去讲，如果没有得到善知识的开许，就不能够传法。这是对佛法负责，对众生负责，也是老师对学生负责。传法是非常有难度的事情，如果我们对佛法理解得不正确，做得不够好，就没有资格去给别人传授。我们是否有足够的智慧传讲佛法，这一点必须是由我们的善知识来鉴定。

观察一位善知识是否可以随学，非常重要的就是看他的师承，他是跟谁学的。他如果跟随过真正的高僧大德学修，而且得到这些高僧大德、善知识的开许，那么就比较可靠。如果有些人是"自学成才"，没有老师，那我们要敬而远之。因为你不知道他讲的是对的还是错的，谁能证明他的理解是对的呢？所以一定要得到善知识的印证、开许，才能够去传法、去讲经说法，这是一个很重要的标准。所以，佛法的布施不是那么容易的。

不过，我们可以做间接的法布施，比如说，请老师到家里来讲经说法，请很多同学一起来听。虽然法不是我讲，但讲法的老师是我请来的，所以讲经说法的所有功德我都有，这样间接的法布施比较安全。如果我们没有得到善知识开许，就直接去做法布施，万一讲错了，可就是害人害己，罪过是很大的。

还有一种间接的法布施，就是印一些好的经书送给别人，或者帮助流通经书，这也是一种法布施。但是做这种法布施也要小心，现在外面的书籍良莠不齐，有好的，也有不好的，万一你送出去的书误导了人，在因果上你也将难逃其咎。

有一种方法非常保险，就是赠送佛陀所说的经典，那肯定是没有问题的。最好这部经典能在《大藏经》里找到原文，而且不要有解释的，因为后人的解释还是难以判别对错，但是赠送佛经的原文一定是有功德的。

如果我们要赠送除了佛经以外的其他好书，建议大家在送给别人之前一定要得到善知识的鉴定和认可。这个时代的书真的很难说，有些书看起来很好，里面却是有问题的，这样的书非常多。所以我们宁可不送，也不要凭自己的感觉去乱送。佛陀在《四十二章经》中说："慎勿信汝意，汝意不可信。得阿罗汉已，乃可信汝意。"佛陀说，不要相信你自己的思想，你的思想是不可信的。因为凡夫的思想很多都是颠倒、错误的，除非证得阿罗汉以上的果位，就可以相信自己了。因为阿罗汉已经证得"人无我"的境界，所以他基本上不会有错误。

以上是做法布施特别要注意的地方。

无畏布施是指我们关心他人，消除他人的恐怖、畏惧与不安。《优婆塞戒经》云："若有情怖于王贼及水火等，施以无畏，能于种种极怖中，随力济拔，此则为无畏施。"在众生身心不安、恐怖害怕之时，无畏施能够帮助他消除内心的恐惧与惊慌。社会上有很多人内心中有恐慌、有不安、有很多心理问题，我们去安慰他、帮助他，让他们能够离苦得乐，这就是无畏布施。

特别值得推荐给大家的一种布施就是放生。一次圆满的放生可以具足以上所说的三种布施：首先，大家出钱买生命，就是财物的布施；接着，在放生时给这些生命念诵经典、称念佛号等，就是在做法布施；我们把这些众生从将要被杀的恐怖当中解救出来，又是一种无畏布施。尤其是放生直接能解除生命身体的痛苦，延长它们的寿命，所以参与放生的人都能得到健康长寿的果报。《大智度论》云："知诸余罪中，杀罪最重；诸功德中，不杀第一。"

佛陀在很多经典里都谈到布施的殊胜功德，我们还需要了解的是，布施的对象不同，得到的果报也会相差很大。布施就像种种子一样，种子播种在什么样的田地里最好，会长得最快最大？佛经中把三种最殊胜的布施对象比作最肥沃的福田，它们分别叫做恩田、敬田和悲田。

第一，恩田。恩田指的是父母师长。父母亲和善知识是对我们恩德最大的，因为他们直接给了我们生命和智慧，是我们生命之河的源头，所以是恩田。

第二，敬田。敬田就是诸佛菩萨、佛法僧三宝，也包括所有的古圣先贤，都是敬田。因为这些都是宇宙间最值得我们尊重的对象，他们的恩泽普被一切众生，拔苦予乐，赐予福祉，是一切众生恭敬、礼拜、供养的对象。

第三，悲田。悲田就是正在遭受痛苦的众生，最需要我们去悲悯和帮助的众生。比如说，天灾人祸中的受难众生，饥寒交迫的苦难众生，遭受杀戮的悲惨众生等等，都是需要我们去关爱和帮助的悲田。

因为这三种对境非常强烈，所以是三种最肥沃的土地，是布施的最好对象。我们如果能够对恩田、敬田和悲田这三种对象经常做布施的话，福德的增长会无比的迅猛，我们会变得非常有福报，做任何的事情都会吉祥如意。

传统的智慧中非常重视福报，一个人如果福报不够，做什么事情都不会成功。我们想要的一切吉祥顺遂，其实都离不开我们的福报。俗语说"一福压百祸"，又说"吉人天相""福人居福地"等，都显示出如果一个人福报足够大，那他就能消除很多灾难、障碍，并且总是能心想事成。

从出世间法的修行证悟来说，福报也是一个先决要素。有些修行人只重视开智慧，而忽略修福报，殊不知如果没有福报的积累，开智慧也是非常渺茫的事情。在《金光明经》中说："福资粮圆满，生起智资粮。"就体现了福报和智慧间的关系。禅宗也讲一个人要开悟，要大彻大悟，需要具足"七朝皇帝福，九代状元才"。要有做七次皇帝的福报，做九次状元的智慧，福报和智慧都到了相当大的程度，才能够真正地开悟。古代民间也有"福至心灵"的说法，就是说一个人的福气到了，心就开窍了，本来听不懂的，能听懂了；本来想不通的，也能想通了，可见福报对于开启智慧的重要性。大家所熟知的大乘菩萨的六度，布施度为第一，其密意就是如果没有布施而累积的福报，则后面五度都无法达成，由最初的布施度，而能引发后面的五度。

《大宝积经》云："吾不舍财，财将舍我，我今当舍，令作坚财。"这"坚财"就是福报，无论对于世间的成功和幸福，还是对于出世间的证悟和成就，积累福报都是至关重要的。因此，我们应该非常重视勤修布施。

对于布施的理解，很多人以为只有给出钱财才是布施，没有财富的人似乎就做不了布施。这是一种狭义的、错误的看法。在佛经里面讲，任何形式的付出都可以是布施，我们有钱的时候可以出钱，没有钱的时候，可以布施衣服、饮食、药品等。还包括出主意帮别人解决难题、出体力帮别人搬运东西等，这些都是在做布施。用身外之物帮助他人叫外财布施，用自己的智慧体力帮助他人叫内财布施。所以布施是非常广义的一个概念，乃至于在紧要关头劝别人一句好话都是布施。

除了财施、法施、无畏施以外，佛陀在《杂宝藏经》里还特别讲到"无财七施"——七种不用花钱就可以做的布施。虽然没有付出钱财，但是获得的果报却非常地殊胜，而且人人都能去做。是哪七种布施呢？

佛说有"七种施"，不损财物，获大果报。

"一名眼施：常以好眼，视父母、师长、沙门、婆罗门，不以恶眼，名为眼施。舍身受身，得清净眼。未来成佛，得天眼佛眼。是名第一果报。"

我们要用非常慈爱的眼神去看父母师长，去看一切众生，如果用这种眼神去看别人，这就是眼施。不用花一分钱，你只要以慈爱的眼神去看任何众生，特别是自己的父母、师长，未来成佛的时候，就可以得到天眼、佛眼！佛陀在《观世音菩萨普门品》中这样赞叹观世音菩萨："具一切功德，慈眼视众生，福具海无量，是故应顶礼。"观世音菩萨是过去早已成佛的正法明如来，为救度众生而现菩萨相，他永远都以"慈眼视众生"，是无数众生心目中最亲切、最慈悲的菩萨。我们大家都要向观世音菩萨学习，一定要用慈悲、慈爱的眼神看一切的众生，千万不要用眼睛瞪别人、白别人，否则以后可就变成水泡眼、白眼狼了。所以说"勿以善小而不为，勿以恶小而为之"，小到一个眼神都可以为我们带来吉凶完全不同的结果。可能在这之前，大家还真没关注过自己的眼神，从今天起就要注意了，给出慈爱的眼神，将来就能得到天眼、佛眼。这样殊胜的布施一定要做，实在不熟练，不妨先在镜子前多练练吧！

"二名和颜悦色施：于父母、师长、沙门、婆罗门，不颦蹙恶色。舍身受身，得端正色。未来成佛，得真金色。是名第二果

125

报。"

第二种叫和颜悦色施。就是对着别人时，你的表情和脸色要和颜悦色，不要总是一副不高兴的样子，脸色特别难看，脸拉得老长老长。你想想这副样子让身边的人会多么难过，你希望别人将来也都没好脸色给你吗？所以，一定要和颜悦色，任何时候都要保持温和、微笑，让所有看到你的人都感觉很舒服、很愉悦、很安心，尤其是对着父母师长的时候。《论语·为政第二》中说："子夏问孝，子曰：'色难。'"大意是说，子夏问什么是孝，孔子说："色难。"就是说子女在父母面前经常有愉悦的容色，是件难事。孔子认为，孝不仅仅是替父母做事、把父母供养好，更重要的是"色难"。就是即使自己很累或心情很不好，在父母面前也要和颜悦色，保持愉悦的神情。如果我们能够对所有的人都和颜悦色，未来我们生生世世都会相貌端正、非常漂亮，而且将来成佛时，整个身体都会是真金色，就像释迦牟尼佛一样的庄严。所以大家以后不要花钱去整型、美容，万一整坏了后悔都来不及，还是多多布施"和颜悦色"吧，美容效果超好，而且绝对没有副作用。

"三名言辞施：于父母、师长、沙门、婆罗门，出柔软语，非粗恶言。舍身受身，得言语辩了，所可言说，为人信受。未来成佛，得四辩才。是名第三果报。"

言辞施就是我们讲话要柔和、婉转，不要粗口、恶言，言谈要悦人心，尤其对境是"父母、师长、沙门、婆罗门"的时候。如果能够这样的话，未来会有很好的口才，我们讲的话，别人愿意听受。将来成佛的时候，会成就四种辩才。

如果讲话的语气很生硬，别人就不爱听，有道理别人也接受不了。很多人就亏在这个毛病上，好心是有的，讲的话也是对的，但就是因为语言不够柔和，所以别人就是不愿意听。

《妙法莲华经》中有一句话："言辞柔软，悦可众心。"如果言辞柔软，就能让大家听了感觉很舒服、很愉悦。现在的社会有一种非常不好的观点，就是认为人一定要刚强，不能够柔弱，每个人都要做强人，所以我们看到"女强人"越来越多。"强人"是什么？《水浒传》中说："这里正是强人出没的去处。"在古代，强盗才叫做强人。虽然我们不能说现在的女强人也是这个意思，但是女子到底需要刚强，还是柔弱？到底是做个争强好胜的"女强人"好，还是做个温柔如水的"智慧女人"好？我们不妨来看看《道德经》里是怎么说的。

老子《道德经》的境界超过儒家的境界。儒家的境界都是"有为"，但是《道德经》讲"无为"。儒家要刚正，所以最后有些人被砍头了，因为太刚正不阿了，不懂得以柔克刚；《道德经》却教我们不是要刚正，而是要柔和。憨山大师云："从来硬弩弦先断，每见钢刀口易伤。"刚硬、刚强、刚正的都容易折断、折伤；柔软、柔弱、柔和的才能够长久，才能够取得最后的胜利。

《道德经》中说："上善若水。水善利万物而不争，处众人之所恶，故几于道矣。居善地，心善渊，与善仁，言善信，政善治，事善能，动善时。夫唯不争，故无尤。"唯有与世无争，才不会招致怨恨、忧患。人为什么会有很多的烦恼忧愁，就是因为跟别人争。"水善利万物而不争"，所以水没有忧，水最自在，我们要向水学习。老子说水性"几于道"，水基本上和宇宙的道是一样的，万物都离不开水，但水从来都只是利益万物而不与万物争。"处众人之所恶"，众人都不喜欢的位置就是低下卑微，而水都是往低处流的，别人不去的地方它去，它处在最低的位置。但我们人却都爱往高处走，争先恐后的，所以就有竞争、就有烦恼、就有忧患。"夫唯不争，故无尤"。怎样才能无忧？就要向水学习。

那么是不是谦卑、低调、柔弱就意味着失去、失败呢？肯定不是，老子认为恰恰是"柔弱胜刚强"。他在《道德经》中这样阐述这个道理："天下柔弱莫过于水，而攻坚强者莫之能胜，以其无以易之。弱之胜强，柔之胜刚，天下莫不知，莫能行。"老子说，柔其实能够胜刚，弱能够胜强，天下没有人不知道，但没有人可以做到。为什么？其实恰恰是这个"柔弱"需要更多的慈悲、智慧和力量才能够做到。老子又比喻说：你看我满口的牙齿因为刚强都掉了，但是这个舌头很柔弱，还在。太极拳也是一样，蕴含的就是这个"以柔克刚"的道理。

所以说，逞强、争强、刚强都不是真正的强大，那么什么是真正的强大呢？《道德经》中说："守柔曰强。"能够守住这份柔弱，就是强大。别怕自己柔弱，就怕是做不到，守不住柔弱，能够做到、守住柔弱的人，才是真正强大的人。你看，滴水可以穿石。石头是很刚强的，但总有一天会被水滴穿，然而却没有任何坚硬的东西能够把水割开来。如果我们想成为一个内在有力量、强大的人，就恰恰要学习柔弱。

特别是在佛教里，刚强恰恰是一个贬义词。《地藏菩萨本愿功德经》里有一句非常著名的教言："南阎浮提众生，举止动念，无不是业，无不是罪。"为什么会这样？因为"南阎浮提众生，其性刚强，难调难伏"。所以"刚强"不是一个褒义词，"刚强难化"说明这个人的心像石头一样，很难被感化，很难被教好。所以，我们不要学刚强，要学柔软才好。

而且，从自然界的现象上看，柔软是生命的表现，僵硬是死亡的表现。《道德经》里说："人之生也柔弱，其死也坚强。"活着的人都是软的，死了就变成硬邦邦的了。树木、花草也是一样，活着的草木都是有弹性的，死了以后就干枯了，一折就断。到底是柔和好，还是刚强好？老子说："故坚强者死之徒，柔弱者生之徒。"看看我们每个人越是年轻，身体越柔软；越是年老，身体越硬，最后死了就彻底硬了。所以柔弱代表生存的意思，刚强代表死亡的意思，那你是要学柔的还是学刚的呢，自己选择吧。

所以，喜欢做"女强人"的要好好学习学习《道德经》中柔弱、谦卑的智慧，"强大处下，柔弱处上"。现在很多女人也喜欢强出头、占强势。其实当你逞强、刚强的时候，你已经在下风了；真正占上风的是柔弱，柔弱才是最厉害的。

这就是中国传统女学的精髓，女子最强大无比的秘密武器就是温柔。现在很多人都把这个强大的秘密武器扔掉不要了，而去学习如何刚强，如何死得更快，真的是太可惜了。

"女学"可不是一般人能看懂的大智慧。如果不明白因果，不明白中国优秀传统文化智慧，不明白《道德经》，就看不懂"女学"，不理解为什么要女子处于低下，为什么要女子卑微柔弱，其实这都是《道德经》里的高深智慧。人们向来喜欢把女人比作水，作为女人，你一定要学习水的品质：处下、柔顺、利万物而不争……只有这样，你的福报才能更大；只有这样，你才能够无往而不胜。"抽刀断水水更流"，水虽然柔弱，但再厉害的利器也无法对付水。所以温柔是最厉害的。

女学的智慧同样值得男人们借鉴，如果男子温文尔雅、言辞柔软，一定也会使人生欢喜心。所以这第三言辞施，就是要求我们能够讲话柔和，不说粗语。只有这样别人才能欢喜信受，而我们自己也会因此得到辩才无碍的果报。

"四名身施：于父母、师长、沙门、婆罗门，起迎礼拜，是名身施。舍身受身，得端正身，长大之身，人所敬身。未来成佛，身如尼拘陀树，无见顶者。是名第四果报。"

第四个是身施，就是以我们身体的"起迎礼拜"来向别人表示恭敬。当我们看到父母、师长，包括其他的众生时，我们要起来迎接他，恭敬地礼拜他。

这就是《善生经》里的"先起""后坐"，看到老师、父母亲进来我们要赶紧站起来，等老师、父母亲坐下了，我们才能够坐下。先起后坐的其中一个意思就是起迎礼拜，是一种非常重要的身体布施。

"起迎礼拜"在《弟子规》里面也有非常详细的描述:"路遇长,疾趋揖,长无言,退恭立。""骑下马,乘下车,过犹待,百步余。""长者立,幼勿坐,长者坐,命乃坐。"怎么对长辈,怎么对父母? 长辈来的时候我们应该起立;长者坐下了,让我们坐,才能坐下;长者要走的时候,我们要恭敬地站在那里远远地目送,目送到看不见的时候,才能够回去。不要长者刚走,反身你也走了,或者"咣"地一声把门关了,这都是非常没有礼貌的行为。不仅对父母长辈,对任何人都要做到起迎礼拜。

如果我们能够以这样的身施来恭敬别人,未来必定会身材端正、长得高大。所以,要想孩子长高,很简单,就让他从小学习《弟子规》,从小练习起迎礼拜,对待每个人都谦卑、恭敬,那他未来就会长得端正挺拔;相反,越傲慢无礼就会越长不高。有些过去生中非常傲慢的,这辈子就会长得很矮。而且"敬人者人恒敬之",我们以身施恭敬别人,未来别人就会尊重我们。更殊胜的是,未来我们成佛的时候,能够具足无见顶相。

"五名心施:虽以上事供养,心不和善,不名为施。善心和善,深生供养,是名心施。舍身受身,得明了心,不痴狂心。未来成佛,得一切种智心。是名心施,第五果报。"

前面讲的是眼神、脸色、语言、身体,现在要讲的是心。佛陀说,虽然你眼神、表情看上去很和善、和颜悦色,语言、身体也表现得很恭敬,但是如果你的心不善,就不是真正的布施。

前面所有这些恭敬的行为,都必须由心而发,如果我们内在没有恭敬心,那表现在外面的就不叫礼仪,叫虚伪。有些人对中国优秀传统文化的智慧不了解，认为传统文化虚伪，一定要这样、一定要那样，多么虚伪，其实不是这样的。中国优秀传统文化智慧里所有的礼节都必须是由心而发的，内在的恭敬心表现在外面才能叫礼；如果内在没有恭敬心，外在看起来很有礼节，那叫虚伪。真正的礼是一个人内心虔敬的自然流露，是我们对他人爱敬存心的外在表达，真正的礼节都是由内而外的。

当我们内心生起真诚的慈悲心、感恩心、恭敬之心、供养之心时，所做出的行为才算是心的布施。做任何事情一定要反观自己的内心，是真的有感恩心、恭敬心、利他心，还是欺骗心、虚荣心、私利心。如果我们是由真诚的善心出发，那就是一种殊胜的布施。

以这种善心供养，我们未来可以"得明了心，不痴狂心"。痴，就是白痴；狂，就是狂乱。有的人为什么会变成白痴、精神病？都是因为以前内心当中不善的原因。如果我们能够以这种善心供养，未来我们就会得到佛陀的一切种智，一切的智慧我们都会得到。佛陀的一切种智也是来自于"心施"，所以，拥有一颗和善的心多么重要！

"六名床座施：若见父母、师长、沙门、婆罗门，为敷床座令坐，乃至自以己所自坐，请使令坐。舍身受身，常得尊贵七宝床座。未来成佛，得师子法座。是名第六果报。"

床座施就是看到父母师长，要准备很好的座位给他们坐，或者让自己的位子给父母师长坐。我们在公共汽车上或是到一些公共场所，看到长者、父母、老师，乃至任何一个人，让位置给他们，这叫床座施。未来会得到尊贵的七宝床座，成佛后就能够坐在狮子法座上讲经说法。这就是床座施的果报。

"七名房舍施：前父母、师长、沙门、婆罗门。使屋舍之中，得行来坐卧，即名房舍施。舍身受身，得自然宫殿舍宅。未来成佛，得诸禅屋宅。是名第七果报。"

我们经常提供房子给父母师长来用，提供房子给大家来用，这就叫房舍施。现在很多人的房子都比较大，甚至不止一套，如果能尽量给父母师长提供方便，请他们住宿，这个功德非常大，"舍身受身，得自然宫殿舍宅"，未来会有更多的房子、更好的房子。

这样实际的案例在我们身边比比皆是。

有些人特别喜欢给父母亲安置好的住所，有些人经常请善知识到自己家里面去住，甚至有些人送房子给父母师长，后来发现这些人的房子越来越多。佛经中说："舍一得万报。"你今天给出的是空间、住所，未来自然会得到更多的空间和住所。所以我们看到这些人住的房子越来越好，本来很小的房子，后来换很大的房子，最后换别墅了。这些都是我们布施房舍带来的果报，不仅如此，而且"未来成佛，得诸禅屋宅"。

所以，如果有人觉得房子不够大，或不够好，那么最好的方法就是多请客，请父母师长来家里住。不住的话，来坐坐也好，你未来就会得到更大更好更多的房子。

"是名七施，虽不损财物，获大果报。"

这就是"无财七施"，我们的眼神慈善、表情和颜悦色、言

133

辞柔软、身体恭敬起迎礼拜这都是一种布施；我们内心和善，给别人让座，提供住宿，提供活动的场地，都是一种布施。这些都不用花钱，但同样可以得到殊胜的果报，一定要尽力地去做。

布施的学问非常大，如果布施做到圆满，就是登初地的菩萨。初地菩萨的标准是能现见法性、断除三结。而且他可以布施自己的身体，头目脑髓、身肉手足都可以布施给别人，如果能做到这点，就是布施波罗蜜圆满，这是初地菩萨的境界。

释迦牟尼佛的前世，曾做到"舍身喂虎""割肉喂鹰"。

有一世，释迦牟尼佛是位王子，他在山间看到一只母老虎生了一窝小老虎，由于体力不支没办法去觅食，眼看着母老虎和小老虎就快要饿死了。王子悲从中来，就从山上跳下去，因为母虎连吞食他的力量也没有，王子就用竹子刺破自己的血管，让母虎舔舐他的鲜血恢复体力后，再用自己整个的身体来喂母虎，以自己的生命换回老虎母子的生命。

这件事情发生在以前的尼泊尔，现在那里还有一个"舍身喂虎"的纪念地，这是释迦牟尼佛的前世，愿意把自己的生命布施给众生。

另一世，释迦牟尼佛做国王，发愿绝不伤害一切众生，要保护一切众生。有一天，突然飞来一只鸽子，这只鸽子非常恐慌，因为一只老鹰紧跟着飞过来了。老鹰要抓鸽子，国王赶紧把鸽子保护起来。但是老鹰说："你不让我吃鸽子，那我饿死了怎么办？你不能只慈悲鸽子，不慈悲我呀！"

国王想：我发愿不能伤害一切众生的，那怎么办呢？看来只能舍弃我自己了。于是，国王对老鹰说："这样吧，我从身上割下与鸽子同等分量的肉给你，应该可以了吧？"于是他就把鸽子放在天平的一边，然后从自己身上割下肉来放在另一边。可是无论割多少，他这边总是比鸽子那边轻，一直割啊割，直到身上的肉都割完了还是没有鸽子重。

这时老鹰说："你后不后悔？"国王说："我虽然浑身颤抖，但是我内心里没有一丝后悔，为了救护众生，我宁可舍弃自己的生命。"说完，他就整个人跳到了天平上。这时候，鸽子、老鹰都消失了，帝释天王现出了身形。

帝释天王就是这样，经常会来考验修行人。特别是号称登初地，或者号称已经具有菩提心的人，帝释天王就会来考你，看看你有没有这个境界。

国王马上就明白了，他非常经得住考验，考试通过了。

帝释天王说："你有什么愿望，我可以帮助你实现。"

国王说："我希望能够早日成就无上菩提，度化一切众生。"

帝释天王说："对不起，这个愿望我帮不到你，我还没有成佛，没有办法帮你成佛。如果你希望身体马上恢复如初，我可以帮你。"因为此时国王的身体已经割得血肉模糊了。

但是国王说："这个不用你帮忙，我自己的愿力就可以做到。如果我的菩提心是真实的，希望我的身体马上恢复如初。"刚一说完，国王的身体就恢复如初了。

真正的菩提心是非常厉害的，如果一个人有真正的菩提心，他所讲的话就都会实现。

西藏有位高僧大德，在一次洪水爆发时，站在洪水将要冲过来的路上，拿着一颗小石子说："如果我的菩提心是真实的，洪水到这里就会停止。"然后他把这颗石子往面前的路上一放，果真，洪水到这里就真的停止了。

所以，真正的菩提心，力量是非常巨大的，可以感动天地。但是，这个不能乱试，万一你的菩提心还不够，人就被洪水冲走了。包括初地菩萨能做的布施自己身肉手足的事情，凡夫也不要轻易去尝试，否则难保你不后悔。俗语说："狮子跳得过的悬崖，兔子不能跟着跳。"修行布施波罗蜜多也要根据自己的根基，一步一步修上去，越修越有福报，越修境界越高，总有一天一定会圆满的。

《吉祥经》三十八种吉祥如意的方法，我们已经学了十五种，每一种学了以后就要尽力去做，这个是最重要的。学习传统文化也好，学佛也好，最重要的关键就是"学一句，懂一句，做一句"，这样才能得到这些伟大智慧的真实利益。

就像上面我们讲到要和颜爱语、和颜悦色、恭敬有礼等等，这些都是马上可以去做的事情，慢慢养成一种习惯之后，不仅未来会越来越吉祥，而且很快你会发现自己变得越来越庄严了。古人说："三日不读圣贤书，面目可憎。"又说："相由心生。"所以，用圣贤之道来美容是最好的美容。大家以后要多多亲近善知识，听了法之后好好地去力行，那就省得去美容院了。

十六、帮助众亲眷

布施先从家人开始，先满足父母、妻儿的需求，然后如果你能力做得到，还应该帮助亲属、朋友、邻居等。

如果一个家庭中父慈子孝、兄友弟恭、夫义妇德，那就是这个家庭的吉祥；而在自己的家庭之外，还能够去帮助亲眷、和谐邻里，那么吉祥如意的范围就更广了，快乐当然也就更多。所以佛陀又为我们开示了第十六个吉祥如意的秘诀，就是"帮助众亲眷"。

佛陀在另外一部对在家居士开示的经典《郁伽长者所问经》里讲到道：

"复次，长者，在家菩萨若在村落、城邑、郡县、人众中住，随所住处，为众说法。不信众生，劝导令信；不孝众生，劝令孝顺；若少闻者，劝令多闻。悭者劝施，毁禁劝戒，嗔者劝忍，懈怠劝进，乱念劝定，无慧劝慧。贫者给财，病者施药。无护作护，无归作归，无依作依。彼人应随如是诸处，念行是法，不令一人堕于恶道。长者，如是菩萨一一劝导，乃至第七，欲令众生住于德行。如不能令住，而是菩萨于此众生，应生大悲，作如是言：我若不调是恶众生，我终不成无上正真道。长者，若菩萨在如是城邑村落中住，不教众生令堕恶道，而是菩萨诸佛所诃。长者，是诸菩萨应当如是庄严：我今应当修行是行，住在城邑村落郡县，不令一人堕于恶道。长者，犹如城邑有善名医，令一众生病毒而死，多众诃责。如是，长者，若是菩萨随所住处，不教众生令堕恶道，而是菩萨则为诸佛之所诃责。长者，在家菩萨住在家地，如佛教行，得增胜法。"

佛陀在这里打比喻说，如果一个村庄有个好医生，那么这个村庄里如果有人生病而死，这个医生就会受到众人的诃责。同样的，作为一位在家菩萨，如果所住地区的众生有一个人堕入了三恶道，那就是这位在家菩萨没有尽到责任，也会受到诸佛的诃责。

我们不是只想自己解脱的小乘行人，而是为了让一切众生都成佛而发了广大菩提心的大乘菩萨。作为大乘行人，我们不能自私自利地只考虑自己和家人的解脱，而应"心包太虚"，将无边无际的一切众生时时刻刻放在心中，为一切众生的解脱成佛而努力。菩提心不仅是要为如虚空般的众生发愿，更要为身边的每一个众生而行愿。作为大乘行人，应责无旁贷地担当起六亲眷属、亲朋好友和邻里乡亲，尽一切努力去帮助他们，让他们获得世间的吉祥及出世间的解脱成佛。要做到这个当然很不容易，但这是我们的菩提心、我们的志向，我们要朝这个方向前进。

当然，真正做起来，还是先要从自己开始。如果我们自己没有觉悟、没有解脱的话，内心还是一片无明，又怎么可能帮得了别人？虽然我们的愿很大，要度化一切众生；志很高，要成就无上菩提。但是我们的行却要踏踏实实从自己做起、从脚下启程。否则不要说能让别人不堕三恶道了，到头来恐怕是泥菩萨过江，连自身都难保。

只有我们自己实践佛法，亲身体验到了佛法的真实利益，获得了幸福吉祥，获得了解脱自在，那我们才能成为一个榜样，才能有力量去帮助众亲眷都获得幸福和解脱。否则，自己烦恼一大堆，亲友们是不会相信我们，和我们一起走上解脱之路的。这就是佛法中所说的"自觉方能觉他，自利方能利人"。

《关圣帝君觉世真经》也说要"睦宗族，和乡邻"。从自己的家庭到六亲眷属，到所有的乡邻，我们都应该尽自己的能力去帮助他们。

怎么样用传统文化的智慧来"帮助众亲眷"呢？这不仅需要爱心，更需要智慧。

首先还是要从孝道开始。"孝是人道第一步"，这是我们共同的一个价值观，无论种族、无论国界，所有的人都不会反对孝道。再坏的人，如果骂他是不孝之子，他肯定生气，如果赞扬他是孝子，他还是会高兴。没有人会接受不了孝道，没有人会去反对对自己的父母好。

虽然利他的心是快乐的源头，而破除我执才能彻底解脱，但一下子要做到这些是不可能的。我们只有先从孝养父母开始，让自私狭小的心能多容纳父母在里面了，再从兄友弟恭、夫义妇德、君仁臣忠开始，一步步扩大自己的心量。所以，弘扬中华优秀传统文化智慧要从儒家的《孝道》《弟子规》开始，让大家先成为一个孝顺父母的人，然后再更上一层楼，这样循序渐进，人们就比较容易接受。《弟子规》中说："事诸父，如事父。事诸兄，如事兄。"先教导人们孝敬慈爱自己的父母兄弟，再推而广之到对一切众生恭敬慈悲，这就是引导众生、帮助众生的方法。

我们要帮助众亲眷，但千万不能急，不能一上来就讲出离心、菩提心、空性见，直接就讲大乘佛法，那你可能会遇到像《妙法莲华经》中的常不轻菩萨一样的遭遇。人家不仅听不进去，还会用棍棒打你、石头扔你。世尊当年讲《妙法莲华经》的时候很多人不理解，刚开了个头就有五千人退场。"世尊默然而不制止"，并说"退亦佳矣"。因为《妙法莲华经》太高深了，佛陀在世时"尚多怨嫉"，何况在末法时代的今天。

讲大乘佛法不是那么容易的。我们不能光有一片好心，但却没有圆融的智慧，对别人处在什么阶段、什么程度不详加观察，硬拉着别人学佛、修高深大法，这样的结果可能适得其反。和读书一样，要先读一年级，再读二年级；先读小学、中学，再读大学。不要一下就让人读博士，那谁也受不了。我们自己不也是先从贤良的人格、孝道开始，一步一个台阶慢慢前进的吗？

在《药师琉璃光如来本愿功德经》中，药师琉璃光如来所发的第十一大愿："愿我来世得菩提时，若诸有情，饥渴所恼，为求食故，造诸恶业。得闻我名，专念受持，我当先以上妙饮食，饱足其身；后以法味毕竟安乐而建立之。"我们帮助众亲眷也要像药师琉璃光如来那样，先以饮食衣服等尽力帮助他们；然后再引导他们通过孝道和因果的学习而获得世间的安乐；最后才能让他们真正走上解脱的道路，获得究竟的安乐。所以说，帮助众亲眷需要耐心和恒心，需要智慧和方法。

当我们慈悲地帮助众亲眷时，其实也是在耕耘自己吉祥如意的福田。

帮助众亲眷不仅会带来人际关系的和谐，而且也种下了帮助别人的种子，未来就会有更多的人帮助我们，这就是吉祥如意的方法。这里所说的"帮助"，包括关怀和友善、宽容和忍让，还有前面所讲的财布施、法布施、无畏布施等等。如果你想在危难时有人伸出援手，在困难时有人雪中送炭，那你首先要乐于助人、宽以待人，尽力去善待和帮助身边每一个人。

春秋战国时期，有一次楚庄王大宴群臣，大家兴致很高，一直喝到天黑。这时突然一阵大风，吹灭了所有的蜡烛，之后听到楚庄王的王妃一声尖叫。黑暗中，王妃对楚庄王说："大王，有人趁蜡烛灭了调戏我，我把他的帽缨拉下来了，你赶紧命人点灯，一看就知道是谁了。"但楚庄王却宽容地说："是我让他们喝酒的，醉后失礼情有可原。"并且马上命令群臣说："大家都把帽缨扯下来，一醉方休。"等大臣们都把帽缨扯掉后，才又命人点上灯继续喝酒，因此自始至终都不知道那个调戏王妃的人是谁。三年后，晋国与楚国交战，有位大臣奋勇争先，五场战斗都冲杀在最前面，首先杀败了晋军。楚庄王感到奇怪就问这位大臣说："我的德行不够高，从来没有重视过你，你这次为什么奋不顾身呢？"这位大臣说："我罪当死，上次宴会上调戏王妃的就是我。大王您宽宏大量不治我的罪，因此我一定要为您肝脑涂地、冲锋陷阵。"这就是有名的楚庄王绝缨的故事。

楚庄王能宽容对待一个羞辱了自己的人，还智慧地保全了对方的面子，因此换来了一颗甘愿为他舍身报国的心，换来了楚国的强盛。这个故事告诉我们应如何与家亲眷属、宗族乡邻们相处。做人一定要宽容，"退一步海阔天空，忍一时风平浪静"，没必要为了利益得失而与亲眷乡邻斤斤计较。要知道，人心的规律都是这样，你敬他一尺，未来他敬你一丈。如果我们能够处处为别人着想，时时替他人考虑，尽力去帮助他人，那么未来在关键的时刻就会有人来帮助我们，这也是因果的规律。

"帮助众亲眷"符合了因果的规律、人心的规律，因此一定会带来真正的吉祥。

十七、行为无瑕疵

"行为无瑕疵"指的是那些不存邪念、不伤害一切众生、不违背戒律的行为。

记得有一首老歌中这样唱道:"幸福不是毛毛雨,不会自己从天上掉下来。"想想真是很有道理的,哪怕多么令人喜出望外的好事临门,或者多么让人难以预料的大难临头,都不是没有来由的。尽管我们肉眼看不见,但宇宙间的每一件事都有着它运行的轨迹,无论好事、坏事,从它被上膛发射就已经确立了目标。它可能会走很久,也可能转眼就到;它可能长大无数倍,也可能消失殆尽。但有一样是确定无疑的:上膛发射的那个人,永远都是最终接收的那个人。

这个规律早就被很多智者发现了,中华优秀传统智慧告诉我们"君子有造命之学",这命怎么造?谁来造?几千年来无数的人们已经印证了:种什么因,得什么果,命运就掌握在自己手里!

人人都想得到吉祥如意,关键要在因上下工夫。也就是说你在上膛发射时,就要想好了这是不是自己想要的,因为今天你给出的任何快乐或痛苦，未来都会由自己接受。

这就是佛陀为什么告诉我们第十七种吉祥如意的方法——"行为无瑕疵"。这绝对不是道德说教，这与我们的命运息息相关。

瑕疵是指玉的斑痕，用来比喻人的过失或事物的缺点。如果我们的行为多有瑕疵，那么毫无疑问，未来我们的命运也是多有坎坷的。那什么样的行为才是没有瑕疵的行为呢？

"行为无瑕疵"主要有两个标准：第一是内心当中不存一丝邪念；第二是外在的行为没有伤害一切众生。

我们是通过身、口、意的行为来种下善恶之因的。意念虽然看不见，但哪怕再细微的一念都会在我们的心田上留下印记、播下种子，而且所有的语言、行为都是由意念而产生的，所以看护好自己的心非常重要。如果内心当中不存一丝邪念，就不可能有负面的行为；如果内心当中充满了爱敬、慈悲，那么行为上就不会有过失。

凡是伤害众生的行为都是会带来恶果的行为，所以首先不能伤害一切众生。我们身体所有的行为不去伤害众生，口里说出的语言不去伤害众生，内心当中的思想不去伤害众生，做到了这些，就可以称为"行为无瑕疵"。

如果我们心里有很多的邪念，外在有很多伤害众生的行为，那么未来一定会成熟强大的负面结果。《地藏经》里讲："舍一得万报。"春种一颗瓜籽，秋收满藤果实，而一个果实里又有多少颗新瓜籽？因果的规律和大自然的规律是一致的，大家千万不要轻视了"勿以恶小而为之"这句话。很多人不明白因果不虚的道理，平常的行为都是在自私自利当中，很少去顾及其他人、其他的众生。杀生、偷盗、邪淫、妄语、恶口等等，只图自己的一时快乐，想怎么做就怎么做，看上去好像挺自由、挺快乐，但是要想获得长久的幸福吉祥是绝不可能的。未来当恶果成熟、厄运降临时，再怎么怨天尤人也是没有用的。就像《俞净意公遇灶神记》中所说的"如种遍地荆棘，痴痴然望收嘉禾，岂不谬哉"。

所以我们最低限度先要做到行为无瑕疵，这样才能止恶于当下，防患于未然。继而再去尽力行善，种下吉祥的种子，这样我们的人生才能远离凶险和灾祸，才能充满幸福和吉祥。

要做到行为无瑕疵，就要时时刻刻观照好自己的身口意，所谓"看好心，管住嘴，修好行"。如果我们能够做到守身如玉、守口如瓶、守意如城，那么应该就可以称为"行为无瑕疵"。

在这里还要提醒大家，千万要把握好方向，是向内看好自己、修好自己，而不是向外去看别人、管别人。有句话说，别人身上像针一样的毛病你都看得很清楚，自己身上的毛病像牦牛一样大都看不见。这其实是大多数人的通病。真正想要改变命运的人，还是要多多反观内省，把力气用在修正自己身上好一些。因为正己方能化人，自己都做得不好，想要改变别人也是不可能的。

其实《吉祥经》中的每一句教言都是"行为无瑕疵"的具体标准，只要我们一条一条实实在在地去力行，行为都会是善妙的、高尚的。我们能做到一条，吉祥如意就会多一点，如果全部做到了，所有的痛苦就没有了。

我们都应该把《吉祥经》背熟，经常思维其中的每一句教言，把三十八种吉祥如意的方法，每一种都努力地去做、去落实。这样，生活就一定会变得非常幸福，生命就一定会充满光明，从世间暂时的、有局限的安乐吉祥，到出世间究竟的、没有局限的安乐吉祥，最终我们一定会像佛陀一样，获得无尽的吉祥和圆满的觉悟！

十八、邪行须禁止

内心避免恶的念头生起，努力断除意恶，并在内心发愿远离恶行。

雍正皇帝是历史上难得的一位开悟的皇帝，他曾引用过一句古语："以佛治心，以道治身，以儒治世。"为什么佛法的重点在于"治心"？有一首来自《华严经》的四句偈非常有名，也被称为是破地狱偈，功德非常殊胜，这就是"若人欲了知，三世一切佛，应观法界性，一切唯心造"。佛教唯识宗的智慧揭示了世界万象皆是我们心的投射、心的化现，所以佛法的修行最强调的就是"观心为要"（引自蕅益大师所作《净社铭》），向内求，在心地上下工夫，因为只有这样才能从根本上解决问题。

世尊在这里为我们传授"邪行须禁止"的吉祥秘诀，其关要也正是从根源——我们的内心上来避免恶。如果内心当中有邪念，外在就会有邪行，就会有种种伤害众生的行为，那么未来就会感受种种的恶报和痛苦。

所谓邪，刚好是与正相反的。邪行来自于内心的邪念，而邪念又是如何产生的？我们为什么会有邪念？是因为内心的邪见。

邪见就是无明、就是愚痴，它和正见刚好对立。而正见的定义有两种，就是深信因果和了达空性。如果我们能够了解因果、相信因果，那我们的所作所为就会合于正道，获得想要的吉祥如意；如果我们能够了达无我的空性，那就能够破除无明我执，获得最高的吉祥。

如果我们不相信因果，不能够了达万事万物的潜在可能性，不能够证悟无我的空性，那就是我们还有无明和愚痴，也就是邪见。因为这种愚痴、邪见，我们就会产生不正确的邪念，所产生的行为就会与世界的真相、宇宙的规律相违背，这样的邪行会让我们种下无数负面的种子，会让我们与我们向往的吉祥如意、幸福快乐背道而驰。

所以我们要停止邪行，首先就要转邪见为正见，断除意念上的恶业。这就需要我们能够时时刻刻观照自己的内心，保持清醒的觉知，这样才能消除很多的过患，少犯很多的错误。人为什么会犯错误？就是因为不明是非因果，或者失去了觉照。如果对自己的心念没有去觉照，我们就无法控制自己的这个心。

中华优秀传统文化的智慧都教导我们向内反省、修正自己，遭遇逆境一定要"反求诸己"，好好回头看看自己的内心，是不是自己有一些很不好的思想根源，而不是把眼睛看着别人、看着外面。因为，思想决定行为，行为决定结果，内在有不好的思想，外面一定不会有好的结果。

要知道，如果我们内心当中没有任何缺点，外面就不可能有障碍。外面的所有问题，都是来自于内心某些负面的心态和思想，还有就是过去种下不好的种子。

就像《俞净意公遇灶神记》里讲的，俞净意公成立"文昌社"，做了很多善事，但是命越来越不好，为什么呢？都是虚假的善，不是真心真意的善。

怎么善都成了虚名和假善了呢？俞净意公也曾这样怨天尤人："闻冥冥之中纤善必录，予誓行善事、恪奉规条久矣，岂尽属虚名乎？"幸好他遇见的是"举头三尺有神明"的灶神，几十年来的意恶和邪念丝毫未能隐藏，被灶神一一点破。

俞净意公自认为终身无邪淫，但是灶神说了，"邪淫虽无实迹，君见人家美子女，必熟视之。心即摇摇不能遣，但无邪缘相凑耳"。什么意思呢？你虽然没有发生邪淫的事情，但是，你看到长得漂亮的美女，眼睛马上就直了，心也摇摆荡漾，开始胡思乱想。只是你没有这个缘分而已呀，如果碰上不好的缘分，就会犯邪淫的错误了。这就是《太上感应篇》里讲的"见他色美，起心私之"。所以心中如果有邪念和意恶，那么尽管形象上看起来是一个正人君子，但是负面的种子已经在不断地播种了。因果律不仅仅关乎你的行为，在你起心动念时，因果律就已经发生作用了，而且这个意念是起最主要作用的。

俞净意公为什么落魄几十年？你看他"但于私居独处中……贪念、淫念、嫉妒念、褊急念、高己卑人念、忆往期来念、恩仇报复念，憧憧于胸，不可纪极"。

就是因为他的意恶很重，忽略了对自己内心的觉照，以为所言所行都是在行善积福。哪里知道，天地神明一目了然，都不是真实的善，哪里会积福呢？功名福寿早就被大量地折损了。

"暗室亏心，神目如电。""人间私语，天闻若雷。"我们造了任何的恶业，不要认为没有人知道，诸佛菩萨全部知道，护法龙天全部知道，玉皇大帝、日游神、夜游神每天都会来巡逻视察，这一点是儒释道三家共同承认的。

《金刚经》云："如来灭后后五百岁，有持戒修福者，于此章句能生信心，以此为实。当知是人不于一佛、二佛、三四五佛而种善根，已于无量千万佛所种诸善根。闻是章句，乃至一念生净信者，须菩提，如来悉知悉见，是诸众生得如是无量福德。"我们所做的一切的善业，布施、持戒、修持佛法，如来悉知悉见。哪怕你在房间里默默无闻地修行，好像谁都不知道，不用担心，所有的诸佛菩萨全部清清楚楚。

我们凡夫最大的毛病就是脑子里有很多很多不好的念头，所以中国古人说"君子慎独"。什么叫君子？哪怕一个人在房间里面，他都会非常谨慎，不会让自己的思想、语言、行为有任何偏差，完完全全以君子的标准来要求自己。这也是我们自己要不断修行达到的一个目标。就像这个古代的俞净意公，经过灶神点拨教导，后来非常猛厉地忏悔改过，并为自己改号为"净意"。他真心实意地精进勤修，甚至达到了"动即万善相随，静则一念不起"的境界，最终命运得到了完全的转变，也成为后人学习的修行榜样。

当然"邪行须禁止"的秘诀不仅仅在于深信因果，还教导我们要对治我执。如果进一步，我们能够证悟无我的空性，那就会消除种种不正确的思想、语言、行为，让自己的身口意安置于正道上面。

是不是努力地断恶修善、反省改过，就一定会幸福快乐呢？也不一定，要想真正调伏自己的内心，解脱一切的烦恼，最终还必须要面对那个顽固的"我执"，去除这个无明的根本。

佛法讲，所有痛苦的源泉就是我执——不了解人身乃五蕴假合，把假我当做实有。如果我们内心当中已经证悟了无我的真相，那就没有任何人可以伤害我们。为什么会痛苦？为什么不自在？就是因为有个"我"在作怪，就是因为我执没有被消除掉。

这个世界所有的快乐、所有的痛苦，是谁在感受？不就是自己在感受吗？但是这个"自己"真的存在吗？佛法的无上殊胜就在于揭示了"无我"的真谛，这不仅是过去、现在无数佛菩萨、阿罗汉、修行人所实践和证悟的，也是佛法将带领我们亲自去验证的。

凡夫就是因为执"我"为实有，所以才感受种种的痛苦、快乐，如果我们内心完全通达了无我的空性，就会超越所有的痛苦和暂时的快乐，就会获得真正的解脱和究竟的快乐，就会获得全然的自在和圆满的幸福。

轮回痛苦的根源就是我执，这是我们对宇宙真相的无明和迷惑，以为有"我"，所以为了"我"而起贪嗔，为了"我"而造下种种的业。造恶业感召苦苦，造善业感召变苦，最终都是在轮回的痛苦中，这就是无明我执所导致的"因惑造业，因业受苦"，这就是一切痛苦的根源。

我们要消除痛苦，就要杜绝造业；要杜绝造业，就要消除迷惑。一个人只有不迷惑，才能够做出正确的行为，只有正确的行为才能够得到快乐的结果。要获得世间暂时的快乐，就要消除负面的恶因，种下正面的善因；要获得出世间究竟解脱的快乐，就一定要消除无明我执的迷惑。这就是"邪行须禁止"的深层次含义。

佛法之所以能解决一切烦恼，就是因为是从根源上下手。无论什么烦恼，寻根究底就是来源于我们的迷惑，迷惑消除了，就不会去造业，不去造业，未来就不会受苦。因为我们有了因果正见和空性的智慧，我们的身口意种下的全都是正面的因、全都是快乐的因，未来就可以得到幸福和快乐。学了《吉祥经》，我们就懂得了如何避免不吉祥的因，多多播种吉祥的因，未来我们就可以得到真正的吉祥如意。众生都是求乐避苦的，最根本的方法就是要消除痛苦的原因——我们内心的迷惑。佛法说："破迷开悟，离苦得乐。"

道理是很简单的，消除迷惑、破除我执、证悟空性就可以彻底消除痛苦，但是要做到这点谈何容易？就算告诉你，现在在做梦，你醒得过来吗？所有的感受都是那么真切，怎么看也看不到空性。虽然理论上知道"我"不存在，但是痛彻心扉的感受还是无人能替。古往今来，的确有不少证悟空性、解脱轮回、成就佛果的圣者，但是和无边无际的茫茫众生比起来，还是如凤毛麟角般极其稀有难得。

说总是比做容易得多，别说是证悟空性了，就只是要做到

《吉祥经》中的几条吉祥秘诀，也不是学了马上就能做到的。所以，衷心祝愿大家都能好好珍惜这些宝贵的智慧，踏踏实实地修持这些吉祥的秘诀，一步一步向幸福圆满的人生迈进。

❀ 十九、克己

　　从行为和语言方面戒除恶业，不造杀生、偷盗、邪淫、妄语等伤害众生的恶业。

　　前面两个秘诀"行为无瑕疵""邪行须禁止"都是在告诉我们，如果想要获得吉祥如意，就不能放任自己的行为，对于善、恶、正、邪要能够明辨，并且能够管理好自己的身语意，杜绝一切邪行、恶念，让我们的言行举止、起心动念都没有瑕疵。

　　这一章节"克己"则进一步教导我们控制自己的身和语，杜绝在行为和语言上造作恶业。首先要听闻佛法，知道哪些是会给自他带来伤害的语言行为，然后在心里下定决心，不做这些负面的行为，进而在历缘对境时，要尽力控制自己，不让自己的身和口去造作这些恶业。最主要有这样几大类负面的言行：杀生、偷盗、邪淫、妄语、两舌、恶口、绮语。这些在前面的"严持诸禁戒"和"如法行"中已经详细介绍过了。

　　这样克制自己是不是不容易？是的，"从善如登，从恶如崩"，从善如登山般举步维艰，从恶只需要一失足便成千古恨。克己乃勇者所为，需要强大的心力和持久的毅力。

这样克制自己是不是很辛苦？的确，"战战兢兢、如临深渊、如履薄冰"般谨慎护持自己的言行，肯定比放任自流要辛苦得多，但是坠落深渊、沉入冰窟的滋味却更要痛苦千百倍。所以，克己是智者所行，看清了方向，苦行也是快乐。

真正能够做到了克己，不仅能给我们带来吉祥如意，而且能让我们彻底解脱轮回。

我们都知道寺庙里的大雄宝殿，里面正中间供奉着佛陀。为什么把供奉佛陀的殿堂称为"大雄宝殿"呢？世间人把战场上英勇杀敌、战无不克的勇士称为英雄，把武林中无人能敌、所向披靡的武侠称为英雄，但是他们都不能被称为"大雄"，因为就算他战胜了全世界，但是他还有一个人战胜不了，那就是他自己。再厉害的人都很难战胜自己、很难克服自己内心的烦恼和痛苦。真正的大英雄并不是战胜别人的人，而是战胜自己的人，所以佛陀被称为"大雄"，因为佛陀是这个宇宙间彻底战胜了自己、解脱了一切烦恼的人，是真正的大英雄。克己不仅仅是战胜自己的烦恼、克制自己的恶习、调伏自己的心，而且还要破除我执的迷惑，证悟无我的空性，这才是真正彻底的"克己"。一个人，只有彻底战胜自己，才能够得到解脱和自在。

儒家的治世之道也是"克己"为先。孔子说："君子求诸己，小人求诸人。"孟子说："行有不得，反求诸己。"都是在说做任何事情一定要懂得反省自己、改正自己。儒家讲的是方法，佛家讲的是根本，殊途同归，都是教给我们真正解决烦恼、获得幸福的智慧。

155

大多数人在生活中遇到逆境和痛苦时，要么选择对抗，拼命想要改变别人、改变环境；要么选择逃避，有人频繁跳槽，有人常换伴侣。这些都不是解决问题的方法，因为自己的内心没有改变，走到哪里，外境总是会上演同样的逆境、同样的痛苦。

我们要学会把逆境当做提醒自己反省的老师，即使是遭遇诽谤和冤枉，也要认识到这是因为自己过去种下过诽谤冤枉他人的种子，赶紧忏悔自己才重要。如此以智慧来抉择自己面对逆境的态度，不仅暂时获得了平和的心态，而且长久来讲是真正铲除了祸根，为自己创造了未来的幸福。所以，"克己"是吉祥的源泉，"克人"是痛苦的源泉。因为今天你战胜了别人，别人更加地仇恨你，敌人永远是打不完的，除非你彻底战胜了自己的内心。"反省""克己""行有不得，反求诸己"都是非常殊胜的智慧，是我们为人处世非常重要的原则。

但是要做到这些是非常不容易的。大多数人碰到问题都是找借口为自己开脱，找理由责怪别人，很少去反省自己、去看自己的问题，这是大多数人不能够获得快乐非常重要的一个原因。如果一个人老是逃避自己、责怪别人，那么他永远不会进步、永远不可能获得真正的自在和解脱，因为他每天都在自己骗自己。一个人应该真诚地面对问题、面对自己的内心，能够找到自己身上的缺点并认真改过，才是真正地善待自己，也才会真正地获得自在和快乐。

《了凡四训》的作者袁了凡先生之所以能够心想事成、有求必应，最终改变了自己的命运，就是因为他掌握了三个很重要的秘诀：

第一个就是改过。了凡先生认为："今欲获福而远祸，未论行善，先须改过。"他每天晚上反省自己，以"耻心、畏心、勇心"来直面自己的过失，及时忏悔和改正自己。

第二个是积善。他每天记"功过格"，积极地积累善业，种下很多正面的因。了凡先生完成过一千善、三千善，甚至一万善。

第三个是念准提神咒，祈祷准提观音的加持。

通过这三个秘诀，袁了凡先生所有的心愿全部都实现了，无论是求官还是求子，甚至他没有求的寿命，都延长了二十多年。

不仅了凡先生极为重视改过，历史上还有许许多多古圣先贤严于律己的故事，以及关于反省改过的教言。孔夫子最赞叹的弟子颜回以"不贰过"名垂千古；以孝子著称的曾子"吾日三省"成为后人效仿的榜样；开创了"贞观之治"的唐太宗李世民加强"三省制约制度"。其中一条规定就是自己口述或草拟的诏书，也必须由门下省副署后才能生效，以防止他自己发出决策失误的诏书。唐太宗虚心纳谏的胸怀感召了长孙皇后、魏征、房玄龄等人的忠心辅佐，留下了许多千古美谈……

古人尚且如此，何况生于末法时代的我们。如今人们的烦恼日渐炽盛，世界各地的天灾人祸频繁猛烈，这些都是众生共同的恶业导致的。在这样的时代，我们每个人唯有励力反省、精勤克己、努力改过，才能消除自己负面的因，才能够消除痛苦、免于灾祸。同时，我们还要积极努力地行善，多种下正面的因，才能给自己创造真正的幸福快乐和吉祥如意。

更为重要的是祈求诸佛菩萨的加持，这也是了凡先生之所以改命成功最关键的要诀。很多人学习《了凡四训》恰恰就是忽略了这一点，所以感觉收效甚微。的确也非常努力地改过迁善了，但好像还是诸多不顺、事与愿违。其实这很正常，因为所有的种子成熟都有时间滞后性，而且作为凡夫，改过行善的力量又非常薄弱，改过时屡忏屡犯，行善时一曝十寒，烦恼的心也很难调伏，想要很快见效当然很不容易。所以，除了自己要努力以外，一定要祈求诸佛菩萨的加持。大家如果了解了准提神咒的功德，就会明白为什么袁了凡能在短时间内所求皆遂，使自己的命运有了翻天覆地的变化，持诵准提神咒就是了凡改命的"助跑器"。有了诸佛菩萨的加持，无论消除负面种子，还是成熟正面种子，都会快速达成，自己断恶修善的心力也会非常强大。在此末法时代，如果没有诸佛菩萨的加持，我们是很难获得进步的。

所以，我们一方面要明理，明理之后努力去落实这些道理；另一方面一定要祈求诸佛菩萨的加持，没有诸佛菩萨的加持，光靠自己的力量是不行的。

在古代，有位那先比丘，非常有学问。一天，弥兰国王对那先比丘说："你们沙门说，有人在世间造恶业一百年，临终前在短暂的时间里念佛忏悔就能获得解脱，我不相信这种说法。你们沙门还说，一个人平时没干过什么坏事，仅仅杀害一条生命，死后就会堕入地狱，我也不相信这种说法。"

那先比丘问弥兰国王："把一块小石头放在水面上，它是浮在水上，还是沉入水中？"国王回答："沉入水中。"那先比丘又问："如果拿一百块大石头放在大船上，船会不会沉没？"国王回答："不会沉没。"那先比丘便以此理启发国王："一百块大石头虽然沉重，但因为船的浮力而不会沉入水中。同样的道理，虽然有人一辈子造恶业，但临终时依靠念佛忏悔，不但不会堕入地狱，反而能往生净土。就像小石头入水即没一样，有些人由于不知道念佛忏悔，所以仅以一个恶业也会堕入地狱。"弥兰国王听后茅塞顿开，连声赞叹："善哉！善哉！"

我们想要解脱轮回的痛苦，一定要靠诸佛菩萨的力量。即使背负着如同一百块大石头般沉重的恶业，但只要跳上了阿弥陀佛愿力的大船，就一定能安然渡过生死大海，往生极乐净土。如果非要自己背着石头渡海，那即使是一块石头也能把你拖入海底。

所有佛菩萨唯一做的事就是驾起慈航到轮回苦海中救度众生。但是我们如果不知道或者不愿意登上这艘慈航，佛菩萨也是没有办法的。如果我们皈依三宝，把一切都交给三宝，那我们就等于是登上了一艘安全的大船。

当然，我们自己首先要学习，要努力，要不断地去种下财富、健康、和谐、智慧等等正面的种子，并通过反省忏悔、克己止恶去消除负面的种子，同时最重要的就是真诚祈求诸佛菩萨的加持。不仅解脱生死的大事要祈求佛菩萨的加持，我们开智慧、证悟成佛也要祈求佛菩萨的加持；不仅达成心愿要祈求佛菩萨的加持，我们消除负面的种子也要祈求佛菩萨的加持。依靠诸佛菩萨加持，消除业障、息灭痛苦、成就心愿、开启智慧等等，都会

159

在很短的时间里实现。

这就是"克己"的吉祥秘诀。"克己"不仅是防非止恶，而且要破除我执；"克己"虽然责无旁贷，但同时也要借助圣者的力量。只有这样，我们才能够获得真正的吉祥。

二十、不饮酒

　　饮酒或吸食海洛因、古柯碱等各种麻醉品不仅会招致钱财损失，还会危害健康、丧失理智，更严重的是来世会转生恶道或成为愚痴的人。所以，戒除麻醉品也是一种吉祥。

　　在"严持诸禁戒"的吉祥秘诀中，佛陀告诉我们，要想吉祥如意，最低限度的禁戒就是不伤害一切众生。因为只要给出伤害，未来就会有百千万倍的伤害回到自己身上来。作为五戒中的最后一条，饮酒虽然不是直接伤害其他众生，但它确实是伤害自他的一个根源，因为"酒能乱性"。饮酒会让我们丧失智慧和毅力，失去自持的力量，进而做出杀盗淫妄等种种伤害自他的行为。

　　在《报恩经》及《大毗婆沙论》中都讲述了这样一则公案：在迦叶佛时代，有一禀性贤良的五戒居士，一天因吃饭时，菜里盐放得太多而口渴难忍。他急于解渴，便把家中的酒喝了，结果酒醉而失去理智。这时邻居的鸡跑到他的家里来，他就把鸡杀了当下酒菜。不一会儿，邻家的女主人跑来找鸡，他又一时性起把女主人强奸了。事发后，被邻居家告到了官府，官府在审问时，他又全然否认所犯的恶行。就这样，因为不谨慎喝了酒的缘故，这位本来持戒的居士，接连把偷盗、杀生、邪淫、妄语四条戒全都犯了。

《弟子规》中说："年方少，勿饮酒，饮酒醉，最为丑。"印光大师亲著的《德育启蒙》中也说："酒是狂药，饮必乱性，醉则反常，越礼犯分，最好勿吃，免致大喝，聪明智慧，常保清白。"

饮酒致醉的害处人尽皆知，历史上因酗酒而亡国的君王比比皆是，现代人因酗酒而败家，甚至亡命的也络绎不绝。有数据显示，中国每年有11万人死于酒精中毒，而饮酒导致的食道癌、肝癌、胃癌等病患更是数不胜数，还有因喝酒而引起斗殴、车祸……《太上感应篇》里说："嗜酒悖乱，骨肉忿争。"饮酒带来的种种痛苦灾难不胜枚举，把酒比作毒药、狂药确实毫不过分。

醉酒的丑态也是人皆恶之，一个彬彬有礼的雅士喝多了酒，马上就变成了放逸无礼的醉鬼。醉酒不仅能让一个正常的人像一摊烂泥躺在地上、躺在厕所里，甚至耍酒疯，丑态百出，令众人厌恶，而且长远的影响更是能让一个人神志迷乱、口齿不清、智力衰退。很多人一辈子的事业、家庭、健康等等最终就是败在一个"酒"上！

酒的危害有目共睹，但是人们往往会轻视酒精的威力，甚至有些佛教徒也不守持不饮酒戒，以为只要不喝醉，少量的饮酒并无大碍，这完全是对饮酒过患不甚了解的错误认知。

佛陀在《毗奈耶经》中云："草尖露珠许酒亦切莫饮，倘若饮用，则彼非我声闻，我非彼本师也。"

现代科学也证明了饮酒绝对会损伤人的智力。专家指出，酒精是一种亲神经物质，对神经有毒性作用，能直接杀伤脑细胞，使之溶解、消亡、减少。德国海德堡大学医学院的科研人员证实，饮酒6分钟后，脑细胞开始受到破坏。美国研究人员证实，那些平均每天饮酒两次以上的人，其脑体积比禁酒者小1.6%。

饮酒是导致愚痴的因，越喝酒智力就越低下，记忆力、判断力下降，注意力涣散，思维障碍，大大增加了得失智症的可能性。如果夫妻俩一起喝酒的话，就有可能会生出所谓的"星期天婴儿"（即受到酒精影响而导致大脑等器官受损的孩子）。酒精对人智慧的损害，不仅是佛陀所言，而且得到了现代科学的证明，无数人的亲身验证，所以千万不能喝酒。

佛教的许多经论中都详述了饮酒的过患，其中《大智度论》说饮酒有三十五种过失："一者现世财物虚竭。何以故？人饮酒醉心无节限，用费无度故。二者众疾之门。三者斗诤之本。四者裸露无耻。五者丑名恶声人所不敬。六者覆没智慧。七者应所得物而不得，已所得物而散失。八者伏匿之事尽向人说。九者种种事业废不成办。十者醉为愁本。何以故？醉中多失，醒已惭愧忧愁。十一者身力转少。十二者身色坏。十三者不知敬父。十四者不知敬母。十五者不敬沙门。十六者不敬婆罗门。十七者不敬伯叔及尊长。何以故？醉闷恍惚无所别故。十八者不尊敬佛。十九者不敬法。二十者不敬僧。二十一者朋党恶人。二十二者疏远贤善。二十三者作破戒人。二十四者无惭无愧。二十五者不守六情。二十六者纵己放逸。二十七者人所憎恶，不喜见之。二十八者贵重亲属及诸知识所共摈弃。二十九者行不善法。三十者弃舍善法。三十一者明人智士所不信用。何以故？酒放逸故。三十二者远离涅槃。三十三者种狂痴因缘。三十四者身坏命终堕恶道泥犁中。三十五者若得为人，所生之处常当狂騃。"

佛陀在《善生经》中也开示说："善生，当知饮酒有六失：一者失财，二者生病，三者斗诤，四者恶名流布，五者恚怒暴生，六者智慧日损。善生，若彼长者、长者子饮酒不已，其家产业日日损减。"

佛经里讲，不但自己不能喝酒，而且不能让别人喝酒。在菩萨戒里，给别人喝酒的罪过超过自己喝酒，因为自己喝酒还是自己害自己，给别人喝酒那是害别人，害别人的罪过超过害自己，此须谨记。

当然，更不能造酒、卖酒。《梵网经菩萨戒本》云："若佛子，自酤酒，教人酤酒。酤酒因，酤酒缘，酤酒法，酤酒业，一切酒不得酤。是酒起罪因缘，而菩萨应生一切众生明达之慧，而反更生一切众生颠倒之心者，是菩萨波罗夷罪。"《念住经》中云："制酒、饮酒、令他饮之人多转生嚎叫地狱。"卖酒是重戒，是根本的十重戒之一。所以，绝对不能做酒的生意。

不仅仅是酒，包括与毒品、鸦片、香烟相关的事情都不能做。海洛因、大麻、鸦片等毒品的危害无须多言，世人皆知，而吸烟的危害却不仅仅像人们所熟知的只是得肺癌那么简单。在

《龙树菩萨札记》中这样记载着烟草的来历："本师释迦牟尼佛在龙宫胜王处，正入定时，有名魔天施之二魔女，爱恋世尊，趋至佛前，大献媚术。佛从定起，作一弹指，二女即入昏沉，及其觉时，自见形态变为龙钟老妪，大生惭恚，逃于他方，共相议曰，我二人不能坏佛戒体，何不发一反愿，于其随顺众生中，安一恶种子。言已，次魔女取胎血，抛向印度国，长魔女取便溺，抛向中华国，由是从胎血种子，播生烟草，从便溺种子，播生大蒜，烟蒜二者，一入口中，众生即当堕入地狱。以其由发反愿所生，且于佛前所发反愿，较其他一切之力，大而有余故也。"

《德育启蒙》中说："烟俱勿吸，以伤卫生，口气常臭，熏天熏人，鸦片香烟，其毒极烈，花钱买害，痴人可怜。"

很多人不能戒除烟、酒、毒品，都是因为还不够明理，没有下狠心去戒除。所有的烟、酒、毒品都会损害人的心智，让人产生依赖之心。酒会上瘾，烟也会上瘾，毒品更会上瘾。瘾君子们无法控制自己，被这些东西所奴役，哪里还有自由、快乐可言？

真正的快乐是不受任何外在条件的控制，是内心当中的解脱和自在。如果我们的快乐依赖于外界，一旦失去就会倍感痛苦。就像吸毒，吸的时候很快乐，如果不让吸，就会感受生不如死般的痛苦。如果被烟瘾、酒瘾、毒瘾所控制，就等于是在残害自己的生命，又何谈吉祥快乐呢？一个懂得珍爱自己的人，务必要远离烟酒毒、戒除烟酒毒！

佛法主张要从内心中去寻求真正的解脱和快乐，不能够依赖外面的这些有害因素。一个人只有独立才能够得到解脱。快乐若是来自于我们内心的智慧，那就自在了；如果依赖外界的环境，被外界环境所束缚，那就没有自由了。

所以坚决不饮酒、不吸烟、不吸毒，戒除这些麻醉品才能获得自由、获得吉祥。

通过"不饮酒"的吉祥秘诀，佛陀是要告诉我们，对丑恶的东西一定要努力戒除，对美好的东西要坚定不移地追求。淫乱、抽烟、喝酒、吸毒等恶行会摧残我们的身体、麻痹我们的心灵，让我们的意志变得颓废消沉，让我们的人生走向颓败堕落，令爱我们的人痛心落泪，所以一定要远离这些不吉祥的因。

二十一、于法不放逸

随时准备行善，随时准备修持佛法。

第二十一种吉祥的方法"于法不放逸"，本身就是最殊胜的吉祥，它能生出一切的吉祥。因为这里说的"法"，不是普普通通的世间法，而是至高无上的佛法。如果能对修行佛法坚定不移，毫不放逸，那就是最高的吉祥。

《随念三宝经》云："正法者，谓：善说梵行。初善，中善，后善。义妙，文巧。纯一，圆满，清净，鲜白。"佛所宣讲的"诸行无常，一切皆苦，诸法无我，寂灭为乐"之四法印，与外道不相混杂，迥然不同，宛若"狮吼独音，百兽无声"。《宝性论》中云："何者与具义相关，遣除三界诸烦恼，宣示寂灭之功德，此皆佛说非他云。"佛所宣讲的苦集灭道四圣谛，指明了痛苦及痛苦之因、解脱及解脱之法。佛法并非仅仅是对治生老病死等单一方面的痛苦，而是能断尽三界所有烦恼痛苦的对治法。《大方广佛华严经》云："以智慧手，安慰众生，为大医王，善疗众病。"

佛法最重要的功德就是灭苦，通过从根源上把所有痛苦的因去掉，痛苦的结果就不会再有。痛苦的因是什么？就是我们内心的无明、迷惑。把内心的无明、迷惑全部都消除了，就能解脱一切的痛苦，就像把种子铲除了，就不可能会开花结果。

围绕着"破迷开悟，离苦得乐"这个终极目标，佛法通过八万四千法门引导我们对治我执、长养慈悲、增长福报、消除业障、打开智慧，种种法门无一不是在帮助众生得到一切的吉祥与安乐。

但是，佛法的利益必须要通过自己闻思修行才能得到。佛陀曾说："吾为汝说解脱法，当知解脱依自己。"如果我们听受了佛法却不好好地依教修行，那么法再殊胜也和我们无关，到头来法还是法，你还是你，烦恼痛苦丝毫没有解决，佛菩萨也只能看着你流泪。佛陀在《佛遗教经》中也说："我如良医，知病说药，服与不服，非医咎也。"佛法就是佛陀大医王为众生的种种烦恼大病开出的良药，病人不吃药不能康复，又怎能怪医生和药呢？

我们不仅要修行佛法，而且还要勇猛精进，毫不懈怠，否则是不可能灭苦的。因为凡夫的"我执"习气非常严重，不是几百年、几千年养成的，而是无始以来一直在串习我执。就拿这一生来说，在遇到佛法之前，我们根本不了解宇宙的规律和真相，从小到大每天都在练习的就是自私、我执，一直都在串习贪嗔痴，如此经历多年精心喂养的我执当然是非常强大，根本不用去作意，它自己就会产生。遇到贪的对境，就绞尽脑汁地想办法攫取；遇到嗔的对境，就怒火中烧、伺机报复。"我执"不用召唤，随时随地、无时无刻不跟随左右，为我们种下一个又一个沉沦痛苦的恶因。所以，修行人面对我执烦恼当如临深渊、如履薄冰，真的放逸不得。

印光大师在《了凡四训序》中说："圣贤之道，唯诚与明。圣狂之分，在乎一念。圣罔念则作狂，狂克念则作圣。其操纵得失之象，喻如逆水行舟，不进则退，不可不勉力操持，而稍生纵任也。"向自己的"我执"挑战、战胜恶业习气不是一件容易的事，只有依靠勇猛精进地修行佛法，才能将我执调伏。如果我们放逸散漫、懈怠懒惰，很容易就会一泻千里、前功尽弃。所以，佛陀告诉我们只有于法不放逸，才能调伏我执，才能离苦得乐、吉祥如意。

《二规教言论》云："何以名为不放逸？如人居于危崖上，如是自护自身心，恒时郑重谨慎者。"印光大师也告诉我们："然在凡夫地，日用之间，万境交集。一不觉察，难免种种违理情想，瞥尔而生。此想既生，则真心遂受锢蔽。而凡所作为，咸失其中正矣。若不加一番切实工夫，克除净尽，则愈趋愈下，莫知底极。徒具作圣之心，永沦下愚之队，可不哀哉。"

我们要想得到世间的吉祥如意和出世间的解脱成佛，就一定要记住佛陀"于法不放逸"的谆谆教诲。修行佛法一定不能够懈怠，必须要勇猛精进，一直到解脱为止。只有获得了真正的证悟、解脱，无明、迷惑、我执才能被完全消除掉。到那时，痛苦的种子就完全没有了，就绝对不会再有痛苦的结果了。如果我们懈怠放逸，随波逐流，那么痛苦的种子就像埋在我们身下的定时炸弹，接二连三地爆炸，我们就会在无边的痛苦中难以自拔。

所以，在痛苦的因没有完全消除之前，一定要不放逸、不放松、不懈怠、不懒惰，精进努力地修行佛法，这样就能获得佛法的真实利益，消除一切的痛苦和凶险，获得暂时与究竟的吉祥和安乐。能够做到于法不放逸就是最殊胜的吉祥。

🪷 二十二、恭敬

应当恭敬的十种对象：佛陀、独觉、阿罗汉、上首弟子、母亲、父亲、老师、说法者、有德者、恩人。

恭敬的十种果报：获得食物、受人尊重、不为王贼等败坏、容颜美丽、处众无畏、名声远扬、随众多、收入增长、遇难成祥、子女孝顺。

"恭敬"是一个人的优秀品质，是能够带来吉祥如意的重要方法。但是，大多数的人都很难做到，还是因为"我执"。内心中自我意识很强的人很难将自己处于低位去恭敬他人，即使是能够做到对领导、对师长等恭敬，也很难做到对平级、对下属恭敬，只有我执微弱、德行深厚的人才能做到对每个人都尊重、恭敬。

每个人都希望被关爱、被尊重，每个人都不希望被漠视、被轻慢。"以己之心，度人之心""己所不欲，勿施于人"，所以，我们一定要用爱敬的方式去对待别人，不能对任何一个人不恭敬。如果我们对任何人都能够爱敬存心，就能够种下大量的正面种子，未来就可以吉祥如意；如果我们常常轻慢、贬低、不恭敬他人，那就等于在给自己批量生产敌人，未来这些负面种子成熟时，再怎么抱怨"人心险恶"都是没有用的。我们想要人生中多一些朋友还是敌人？所以，恭敬极为重要。

《孝经》里要记住的核心就是这四个字：爱敬存心。"爱"就是用心感受别人的需要，"敬"就是卑己尊人。在力行爱敬的过程中，很多人都发现从爱自己转变为爱父母、爱他人并不是件容易的事，而要真正做到谦卑、恭敬他人则更是难上加难。很多时候，就是这个"我"的身段放不下，如果我们每天都能告诉自己"我什么都不是"，在任何时候都别太把自己当回事，这样才能从高处落回地面，恭敬地对待他人。要知道高处不胜寒，比自信更重要的是认识到自己的不足，因为只有认识到自己不足才能更好地向他人学习。

历史上有很多贵为君王而仍然能恭敬他人的典范，从这些史例中也能看到一个人的丰功伟业都是建立在德行的基础之上，而恭敬他人就是一个人德行的具体展现。战国七雄之一的魏国，其开国君王魏文侯礼贤下士，感召了政治、文化、军事等各类人才共襄伟业，为后世所瞻仰。《资治通鉴》记载了这段历史："魏文侯以卜子夏、田子方为师，每过段干木之庐必式。四方贤士多归之。"

东汉时期颇有作为的皇帝汉明帝，也是以"敬师"美名而百世流芳。汉明帝做太子时，博士桓荣是他的老师，后来他继位做了皇帝，"犹尊荣以师礼"。他曾亲自到太常府，恭请桓荣坐东面，设置几杖，让朝中百官和桓荣教过的数百位学生向桓荣行弟子礼，自己则亲自侍奉在一旁。有人向他请教问题时，他谦恭地说："太师在是。"桓荣生病，汉明帝经常派太官、太医前去慰问，自己也亲自登门看望。每次探望老师，汉明帝都是一进街口便下车步行前往，以表尊敬。桓荣去世时，汉明帝换了衣服，亲自临丧送葬。

　　要获得世间的成功，需要恭敬的美德；要获得出世间的成功，就更需要恭敬的求学态度。印光大师曾经说过："佛法从恭敬中求，一分恭敬，一分利益；十分恭敬，十分利益。"

　　佛陀十大弟子之一的舍利弗未遇佛前，曾经请教过马胜比丘，马胜比丘仅以四句偈开示于舍利弗，舍利弗因而证得三果，并离开外道而依止佛陀。舍利弗后来成为众弟子中智慧第一的尊者，但是他终生视马胜比丘为师，只要知道马胜比丘在哪里，他必定前往拜见，并以头朝师的方向而睡，以示对开导师的恭敬。

　　佛法的利益一定要从恭敬当中才能得到。越是对佛、法、僧恭敬，对善知识恭敬，获得的利益和成就越是巨大。本人也是在恭敬中获得了巨大的利益，三十多年来，我拜访了八十多位儒释道的良师宿德，虽然自己什么也不是，但善知识都愿意来教导我，我想就是因为我对善知识有一些恭敬之心吧。很多次求法，都是从山门口就三步一拜，拜到善知识那里，善知识看我是真心想学，就愿意倾囊相授。

　　古人说："满招损，谦受益。"如果我们心中充满了傲慢，自以为了不起，那么再好的智慧甘露也入不了心。在日本明治时代，有位著名的南隐禅师。有一天，一位博学的教授来向禅师请教什么是禅，禅师一言不发地给他倒茶，倒到茶水都溢出来了还在倒，教授忍不住说："水已经满啦！"禅师说："你的心和这杯水一样，已经是满满的，叫我如何跟你说禅？"这个故事意味深长，告诉我们"我慢高山，不积德水"的道理。古人讲"傲不可长"，骄傲自满只会让自己停滞不前，也会让所有的人厌恶，所以千万不能助长自己的傲慢。

恭敬不是表面化的形式，更不是权谋的手段，而是来自于内在的德行和智慧。这样的恭敬才是真诚而感人的，这样的恭敬才能带来吉祥。

如果我们敬仰那些值得我们尊敬的人，感恩那些爱护、帮助我们的人，尊重那些和我们一样普普通通的人，慈悲那些社会地位低下、值得悲悯的人，包容那些与我们有怨结的人……那我们就一定会爱敬存心地恭敬对待每一个人。

如果我们了知"唯谦受福""傲慢折福"的道理，就一定会甘心情愿把自己放在最低处去恭敬他人。

如果我们反省到自己的不足和傲慢，勇于去对治强大的"我执"，就一定会把"恭敬"当做修行去实践力行。

如果我们知道所有众生都做过我们的父母，都具有佛性，将来都可以成佛，就一定会发自内心地恭敬一切众生。

《妙法莲华经》中的常不轻菩萨，从来不敢轻慢任何人，见到谁都恭敬礼拜，赞叹说："我不敢轻于汝等，汝等皆当作佛。"结果他最先成佛。我们都要向常不轻菩萨学习，不仅恭敬师长父母、兄弟姊妹、同事朋友，而且恭敬所有的人、一切的众生，因为每一个人都需要恭敬，每一个人都值得尊敬。我们尊敬他人，给他人带去了温暖和尊严，同样也会得到众人的尊敬。

"恭敬"就是吉祥的源泉。

❀ 二十三、谦让

人应该懂得谦逊、礼让，尤其是在修行佛法上，只有谦逊的人才能够受教于好的导师。有智慧的人不会有我慢心，不会自夸，处处都会展现谦逊和礼让。

"谦让"有两层含义：谦就是谦卑、谦虚；让就是礼让、忍让。谦虚使人进步、让人欢喜；忍让则能积累大量的福德。所以，"谦让"是可以给我们带来诸多吉祥的重要方法。

《易经》曰："天道亏盈而益谦，地道变盈而流谦，鬼神害盈而福谦，人道恶盈而好谦。"就是告诉我们天、地、神、人的规律都是损害、厌恶那些骄傲盈满的，而利益、喜欢那些谦卑谦虚的。所以中国人自古以来就以谦虚为美德，《易经》中的六十四卦也唯有"谦卦"六爻皆吉。

谦卑可以给一个人带来福气和吉祥，但同时，一个人要能做到谦卑，也需要深厚的福德。《萨迦格言》说："浅学之人极骄傲，学者谦逊又温和，溪水经常哗哗响，大海从来不喧嚣。"越是浅学薄福之人越是容易骄傲，就好像溪水般奔流喧嚣；而真正博学厚德之人，反而是温和谦逊的，如同大海般深广平静。古人说："水唯善下方成海，山不矜高自极天。"都是在告诉我们谦卑的大智慧。

要想培养谦卑的美德，一个重要的诀窍就是要经常看到自己的不足，并且经常欣赏别人的优点。《修心八颂》第二颂思维卑劣中说："随处与谁为伴时，视己较诸众卑劣，从心深处思利他，恒常尊他为最上。"经常看到别人的优点，有利于我们生起恭敬心；经常看到自己的缺点，才会生起惭愧和谦卑。如果我们每天看自己都是优点，看别人都是缺点，那就是强大的傲慢心在作怪。

一个人的傲慢之心非常难以调伏。人总是会有很多自以为是的地方：个子比别人高一点也会傲慢，鼻子比别人挺一点也会傲慢，皮肤比别人白一点也会傲慢，自己开个什么车也傲慢，自己住个什么房也傲慢，自己穿个什么名牌也傲慢，考试分数高一点也傲慢，是什么大学毕业的也傲慢……好像值得傲慢的东西非常多。但其实一切都是无常的、虚幻不实的，根本没有什么可以傲慢的。

当我们反省观察时，就会发现：青春和容颜都是无常的，地位和财富也是无常的，没有一样东西是可以永远拥有的。在这个世界上，我们赤条条来、赤条条去，不会带走一样东西，没有必要为暂时的拥有而徒增傲慢和痛苦。

傲慢是非常可悲的，它来自于无知和偏见。无知，因而如井底之蛙，偏见因而会固步自封。如果我们能多读圣贤书，就可以看到自己和圣贤之间的差距，认识到自己的不足；如果我们提

177

升智慧、增长见识，就能够看到海阔天空中自己的微弱和渺小；如果我们能勇于对治我执，将内心的无明完全消除，就一定会变得更加谦卑。《了凡四训》曰："凡天将发斯人也，未发其福，先发其慧。此慧一发，则浮者自实，肆者自敛。"一个真正有智慧、有学识的人，恰恰是不会傲慢的。

古人说："学问深时意气平。"学问越深厚的人，越知道自己所知甚少，因而越是能够谦虚低调、心平气和。只有那些孤陋寡闻、才疏学浅的人，才总是觉得自己天下第一。《了凡四训》的第四训就是"谦德之效"，也讲述了谦卑的德行能带来吉祥。文中说："予屡同诸公应试，每见寒士将达，必有一段谦光可掬。"并举了秀才张畏岩的案例：甲午年，张畏岩赴南京乡试，揭晓无名便大骂试官。这时有位道士在一旁微笑，张畏岩就移怒于这位道士。道士说："相公的文章一定不怎么好！"张畏岩更加生气地说："你又没看见过我的文章，怎么知道不好？"道士说："听说写文章贵在心气和平，今天听到相公如此骂詈，不平之气如此炽盛，可想而知，相公的文章怎么会作得好呢？"张畏岩听了觉得有理，便向道士请教，道士劝导他要积德行善来改造命运，尤其是要懂得谦虚。张畏岩听受了道士的教诲，"由此折节自持，善日加修，德日加厚"。一日，张畏岩在梦中看到一本科第名籍册，有人指着其中一处对他说："这里空行处是因为别人德行缺失而被削去了功名，因为你三年来持身颇慎，应该可以补这个缺了。"张畏岩果然于丁酉年考中了一百零五名。由此看出，傲慢和谦虚带来的结果迥然不同。

管仲和鲍叔牙的故事也是关于谦让美德的千古佳话。鲍叔牙对管仲情深义厚，无论在什么样的境遇下都信任、谦让、成全管仲，不仅劝谏齐桓公不杀管仲，甚至大力推荐管仲替代自己的相位，而自己甘居其下。管仲曾由衷感叹："生我者父母，知我者鲍子也。"鲍叔牙谦让的美德不仅令世人敬仰，更是为子孙后代积累了阴德。他的子孙世世代代都享受国家俸禄，后世有十余代都得到封地，任大夫之职。

谦卑、谦让的美德会使一个人虚心好学、反省改过，也会让一个人心平气和、恭敬有礼。拥有"谦让"美德的人，自然会处处爱敬他人、忍让他人，不仅会得到和谐的人际关系，而且也能种下大量的正面种子，累积深厚的福德，所以是非常吉祥的。

二十四、知足

没有渴求（渴爱）即为知足。对于已经拥有的感到满足，对于还没拥有的没有贪心。

当天上、人间都在为"什么是真正的吉祥和幸福"而讨论时，宇宙间至尊无上的佛陀应帝释天的请求开示了这部《吉祥经》。这部经中蕴含着三十八个吉祥的秘诀，只要我们依教奉行，就一定能够吉祥幸福。也许人们对于吉祥幸福的概念有所不同，但所有的人、所有的生命都有一个共同的特点，就是"求乐避苦"。如果一个人拥有了成功的事业、丰足的财产、健康的体魄……却唯独缺少了快乐，那就不能说他是吉祥幸福的。所以接下来让我们一起来学习一个吉祥快乐的秘诀——"知足"。

老子在《道德经》中说："祸莫大于不知足，咎莫大于欲得。故知足之足常足矣。""知足常足"，就是我们通常所说的知足常乐。一个人知道满足，心里面就会常常拥有满足的快乐；相反，贪得无厌、不知满足，就会时时感到焦虑和痛苦，甚至因为欲壑难填而堕入犯罪的深渊。所以老子说：最大的祸患莫过于不知足，最大的过失莫过于贪欲。

知足的心态非常可贵，知足的人才能感受到富足的快乐。《道德经》里说："知足者富。"《禅林宝训》中也说："知安则荣，知足则富。"知足的人才是真正富有的人。如果一个人拥有很多很多钱财，但是仍然觉得不够，那说明他还是个穷人。既然他觉得不够，就说明他的世界是匮乏的，那他就还是一个匮乏的人、贫穷的人。

如果你是一个知的人，总是觉得自己的生活已经非常丰足了，虽然可能也没有很多的钱、也没有很大的房子，但是并不觉得缺什么、还想求什么，常常都会感受到知足的快乐，那你就是富人，真正富足的人。一个内心富足的人，就会感受到一个富足的世界。"人到无求品自高"，一颗无欲无求的心就是快乐吉祥的源泉。

这个世界有一种苦叫做"求不得苦"，只要有求就会有求不得苦。如果一个人不知足，总觉得很匮乏，一直在追求，那他就一定会很痛苦。达摩祖师说："有求皆苦，无求则乐。"有所求都是痛苦的开始，无所求就能得到快乐。所以我们每天早上起来，要告诉自己："我什么都不要。"这样就会拥有知足常乐的吉祥。当然，"我什么都不要"并不是我们什么都不会有。因为"不贪"，所以不会因索取而种下负面种子；因为"知足"，所以会给予别人而种下正面种子。"不贪""知足"恰恰是能够获得事业、财富等诸多吉祥的因。

有一些教人成功的课程，带着大家天天喊口号："我要发财！我要BMW汽车！我要别墅！"喊完了口号就每天跑出去努力追求，这样能不能得到成功呢？首先要知道成功的真实原因是什么，成功不是取决于一个人的努力，而是取决于一个人的福报——关键是你有没有成功的种子。努力工作只是让种子开花结果的阳光雨露，但前提是必须要有健康的种子。我们见到过太多努力拼搏了一辈子却仍然贫穷的人；我们也见过太多不需要怎么努力争取就拥有富贵的人。可见，努力工作和成功没有必然的联系，尤其是以强烈的贪欲心去努力，更是会痛苦万分。

当然，不是说一点都不需要努力工作，但更重要的是，一定要多种正面的因，不能种负面的因，也就是我们所说的要积累福报，要一边积累福报、一边努力工作才容易成功。如果一点福报都没有、一点正面的种子都没有，哪怕你努力工作到老死也是不会成功的。

我们不仅要多种正面的因、消除负面的因，而且还要有无求的心，这样才能获得真正的成功和快乐。古人有一句话说："只管耕耘，莫问收获。"我们只要非常努力地去耕耘福田就好了，只要种子没有被破坏，不用天天盼望，一定会获得丰收。因为我们知道因果不虚，有因必有果，果报成熟时，自然会强加于你，不想要都不可能。所以就只要安安心心地每天去布施、每天去供养、每天去种下好的种子就行了，根本不用去想那个结果。想了徒增烦恼，不想结果也必然呈现。以这样积极播种的努力和不贪求的心态，就会快快乐乐地收获成功、收获真正的吉祥。

没有福报的种子，再求都是妄求，只能带来求不得的痛苦。怎样才能种下福报的种子？就是要多付出。无论与任何人相处，我们都要多给予、多付出，努力去给别人快乐、给别人财物、给别人所有好的东西，点点滴滴地养成习惯，广泛地播下善的种子。这就是我们未来人生会变得很富足、很快乐的重要原因，这就是所谓的"吸引成功"。不需要去追求，只要有福报的种子，所有的收获都会不求自来，所有的好事情都会主动来找我们。

种正面种子就好比你在田地里种下了各种各样的鲜花、各种各样的水果，因为种得非常多，所以每天都会有收获。要么这朵花开了，要么那个果熟了，根本不用去求，它自然而然会成熟的。这样播种到一定程度时，不管到哪里，都会称心如意、左右逢源，做任何事情都会得心应手、吉祥顺遂。这就是因为善的因非常丰厚，所以善的果到处都可以得到。真正的学佛就是我们要深信因果，在日常生活的点点滴滴中力行因果，以不求回报的心，时时刻刻想着付出和给予，多多地积累善因。经过三个月、五个月、半年、一年，慢慢地，你就会发现做任何事情都会顺利、做任何事业都能成功、做任何生意都可以赚钱，非常轻松。这个社会上有不少学佛的居士，学了一辈子佛，几十年努力下来还是一无所有。每天想着开悟，每天想着高深大法，每天想着闭关，不去种善的种子，不从小处着手去积福。到头来，佛法的道理好像懂得不少，但是却一直贫困潦倒，做任何事情都不顺，命运没有任何的改变，这就是好高骛远的缘故，根本没有学到真正的佛法。成佛必须要圆满福慧二资粮，众经之王《金光明最胜王经》中说："福资粮圆满，生起智资粮。"没有福报，别说开悟了，就是要得到一点世间的成功都是不可能的。

很多人不懂这个道理，不从根本上去种下富足成功的因，却整天贪得无厌，以非法手段巧取豪夺，不仅没有去种下善的因，而且还造了很多恶的因，最后倒霉起来就干什么什么不顺、求什么什么不得、做什么什么亏损。如果一个人福报薄如纸、恶业积如山，这个人想不倒霉也是不可能的。

如果已经到了这样的地步，那就要赶紧学习《吉祥经》了。把这里面的三十八个吉祥秘诀好好地去学习力行，尤其要把"不贪""知足""布施""从业要无害"等章节反复地学习理解，并努力地付诸实施。只有尽快地消除掉那些倒霉的因，多多种下吉祥的因，最终才能改变命运。以前成都有位大老板，一开始生意做得很大，慢慢地越来越倒霉。后来他遇到我就诚心地来请教，我当时教了他一个驱霉开运咒"唵班匝儿萨埵吽"。再后来听说他念了整整一年，然后运气就开始越来越好了。为什么"唵班匝儿萨埵吽"这句咒语可以驱霉开运呢？其实就是铲除了过去恶业的种子。人为什么会倒霉呢？是因为有业障，业障消除了，霉运自然就没有了。

有佛法就有办法，只要我们明了理，知道自己过去所作所为种下的是恶因，愿意忏悔改过，那就可以在佛法中找到一些忏悔法门来快速有效地清除这些恶业。其中这句"唵班匝儿萨埵吽"就是金刚萨埵佛的心咒，是最殊胜的忏悔法。如果想要驱霉开运的，一定要多多念。

记住，"知足常乐""知足者富"，不要让贪婪和欲望剥夺了恬淡的心境，不要让索取的手去种下痛苦的种子。感恩所拥有的一切，用精勤的付出去种下快乐的种子，你就是最吉祥幸福的！

二十五、感恩

　　佛陀时常称赞有感恩之心的人，懂得感恩的人更容易得到快乐。我们一定要随时准备谢谢那些利益我们的人，毫不犹豫地表达我们的感激。

　　我常常在日常生活当中去观察：快乐的人为什么会快乐，痛苦的人为什么会痛苦。我发现除了每个人的福报、智慧等决定因素外，还有一个因素也非常重要，就是感恩心。懂得感恩的人往往都比较快乐，不懂得感恩的人往往都非常痛苦。懂得感恩的人经常会看到别人对他的好、对他的恩德；而不懂得感恩的人则常常看到别人的不好，常常抱怨别人。

　　如果一个人，今天看这个不顺眼、明天看那个不顺眼，甚至有些人看父母亲不顺眼、看老师不顺眼、看同学不顺眼、看谁都不顺眼，那可想而知，这样的人该有多么痛苦！这种"观过念怨"的负面心态，不仅造成当下的痛苦，而且必定会导致身口意种下很多的负面种子，未来会感受更多的痛苦。

　　如果我们能看到周围每个人的优点，看到每个人对我们的恩德，能够对每个人"观功念恩"，那我们就会常常处在快乐和光明中。在这种良性的心态中，一定会在身口意的行为中种下很多正面的种子，未来就会收获更多的快乐，所以感恩的人是最快乐的。

"知足"的人不贪，对于任何人事物没有过多的欲望和奢求；"感恩"的人懂得珍惜，对于任何人事物的滴水之恩都以涌泉相报。这就是人生幸福吉祥的秘诀，能够做到"知足并感恩"的人就是最吉祥的人。

《二规教言论》中阐述的十种成就世出世法的重要德行中，"感恩"是非常重要的一条，其中的两个四句偈："一切殊胜直士者，虽受微利报大恩，若有如是之美德，则定具足余胜德。""若是知恩报恩者，共称彼人聚天德，以此德行能推知，彼人圆满余美德。"是说一个知恩报恩的人一定也会圆满具足稳重、智慧、有愧、誓言坚定等其他所有的美德。

一个不懂得感恩的人，总是会认为一切都是应该的，父母养我是应该的，兄弟姐妹爱我是应该的，老师教我是应该的，社会大众服务我是应该的……最近河北有一对儿子媳妇结婚后一直不工作，靠五十多岁的鳏孤老父以做搬运工侍养在家中，还逼着老父签协议书，承诺将来孩子出生后的一切生育抚养费都由老父承担，儿子儿媳一致认为这都是"应该的"。这就是从小没有培养感恩心而导致的家庭悲剧和人生悲哀。

其实，每个人都应该懂得，我们从小到大所有的获得，都是来自于三个源头，一定要心存感恩。

第一个是来自于父母亲的养育之恩。如果没有父母亲，或者父母亲不养育我们，我们就不可能生存在这个世界上，父母亲的养育之恩是所有快乐的第一个源泉。所以首先要感念父母的恩德，我们都知道"百善孝为先"，"孝门一开，百福皆开"。但是一个人如果不知道父母亲对自己有多么巨大、深厚的恩德，他是不可能行好孝道的。只有懂得知恩，才能生起感恩，才能做到报恩，才会努力地尽孝行孝。所以，学习孝道最重要的一个内容就是感念父母的恩德。如果一个人对父母都不能知恩、感恩、报恩，那是不可能建立起德行之根的，也不可能给自己的人生奠定坚实的基础。

第二个是师长赐予我们智慧的恩德。父母亲给了我们生命，师长给了我们智慧。没有师长，我们就不懂得圣贤之道，也不懂得如何正确地修行佛法。可以说，师长对我们的恩德是无比巨大的，甚至超过了父母亲的恩德。试想一下，如果没有善知识、师长的教导，也许我们现在正在嗔恨自己的母亲，而不是在感念母亲的恩德。我们很多人都有这样的经历，虽然父母亲对我们有养育之恩，但是，我们如果没有学习圣贤的教诲，还是在无明之中的话，甚至对大恩父母都会嗔恨、顶撞、腹诽等等。因为有无明，我们就会有种种不好的习气、就会有种种解不开的烦恼、就会在迷茫中越来越痛苦。父母亲虽然养育了我们的肉身，也教给了我们生存的知识和技能，但是如果没有善知识开启我们的智慧、解开我们的迷惑、去除我们的无明，我们是不会真正快乐的，只有师长、善知识才能够帮助我们真正地离苦得乐、真正地获得解脱。

从佛法的角度来讲，善知识的恩德超过一切。善知识的教诲不仅带给我们一生吉祥的智慧，而且缔造我们生生世世的智慧生命。

第三个恩德来自一切的众生。除了父母的养育之恩、师长的教导之恩，其他的一切众生也都是对我们有恩德的。首先，我们每一个人生存在这个世界上都必须要依靠社会大众，如果没有人种田、没有人做衣服、没有人造房子、没有人维护社会秩序……我们早就活不下去了。我们的生存其实是依靠社会大众、依靠众缘和合而促成的。有很多人会认为，社会大众又不是免费提供服务的，不需要感恩，这样想是不对的，凡是得到的我们都要感恩。如果整个宇宙就只有我一个人，绝不可能独立存活下去，我们和一切众生都是互相依存、息息相关的。

同时，一切众生也是我们学习成长过程中的良师益友，是我们修行道路上的助伴，是帮助我们清净业障的对境和积累福报的福田。我们的学习修行，除了要依靠善知识的教导外，其实在与一切众生相处过程中的学习也非常重要。孔老夫子在《论语·述而》中说："三人行，必有我师焉。择其善者而从之，其不善者而改之。"在社会上与任何人交往，看到善的，我们就要向他虚心学习；看到不善的，我们就要对照自身反观自省，杜绝自己犯同样的错误。所以无论善与不善的，其实一切的众生都是我们的老师，都对我们有着巨大的恩德。

一切众生还是帮助我们修行的助伴，只要我们以慈悲和智慧对境练心，周围每一个众生都可以成为修行成就的助缘。《华严经·普贤行愿品》中说："一切众生而为树根，诸佛菩萨而为华果。以大悲水饶益众生，则能成就诸佛菩萨智慧华果。何以故？若诸菩萨以大悲水饶益众生，则能成就阿耨多罗三藐三菩提故。是故菩提属于众生，若无众生，一切菩萨终不能成无上正觉。"

在九百多年前，雪域藏地的大成就者米拉日巴尊者，就是因为他的伯父、姑母侵占了他家的财产，虐待他母亲及他和妹妹，才使他最终走上了学佛的道路，并获得即身成就。佛经里讲"富贵学道难"，如果米拉日巴尊者从小生活条件非常地舒适优越，可能不一定会去学佛，也不一定会获得成就。所以哪怕是伤害我们的众生，其实都是我们的老师，如果没有人伤害我们，就不能够认清"轮回痛苦"的本质，就不懂得为自己和一切众生的解脱而修行觉悟。所以，无论是如慈母般带给我们安乐的众生，还是如怨敌般带给我们痛苦的众生，对我们的恩德都是巨大的。

有一首歌叫《感恩一切》：感恩天地、感恩国家、感恩父母、感恩师长、感恩众生、感恩一切……一位智者说，有一天当他低头看到身上所穿的衣服，禁不住联想起这件衣服的来源：经营者、运输者、生产者、耕种者……他发现自己所有的一切都来自于大家的帮助，心头不禁涌起深深的感恩。每一个人都是赤裸裸地来到这个世界，父母亲给了我们人身、养育我们的生命；师长给了我们智慧、指导我们人生的方向；一切的众生给了我们方方面面的帮助、陪伴我们的成长。其实，没有一样东西是我们独自一人能创造的，所有的一切都是要靠大家的众缘和合。所以，生活在这个世界上要懂得感恩一切。

如果我们时常怀有一颗感恩的心，面对一切的人事物都懂得观功念恩，就一定会常常感到很快乐，因为在我们的心中一切都是那么美好；同时懂得感恩的人也更容易被别人所接受、所喜欢。《二规教言论》说："若思此人于我等，乃是利济之恩人，了知其恩并报恩，此为高尚行为门。"具备感恩这种高尚品质的人，不管走到哪里都能受人欢迎，不管做任何事情都会取得成功，所以，"感恩"是获得吉祥如意的重要方法之一。

二十六、及时闻教法

　　及时听闻佛法是最殊胜的吉祥。我们听闻了佛法的智慧，实践于生活中，就会利益到自己，也能带给他人快乐。听闻佛法，能让我们遣除疑惑，心变得宁静而澄澈。而且未来生中，会很容易再次听闻佛法、修行佛法，或者回忆起教法而获得证悟。

　　第二十六种吉祥如意的方法更为重要，就是"及时闻教法"。

　　"玉不琢，不成器；人不学，不知道。"听闻教法是最重要的。

　　听闻教法就像睁开眼睛一样。一个人如果不听闻教法，就永远不可能知道真理，不可能开智慧，就像盲人一样，一片无明黑暗，根本不知道哪些是对的、哪些是错的；哪些事情做了会有好的结果，哪些事情做了会有不好的结果。如果我们不学习孝道、因果法则、《吉祥经》等等这些智慧的教法，就不会知道什么是正确的行为、什么是错误的行为。所以听闻教法是重中之重，是关键中之关键。

　　有人说：人生中有两件事情不能等，就是行孝和行善。我认为，比行孝、行善更不能等的，就是要学习和听闻教法。《大宝积经》云："如是虽有人，内具诸明解，不闻于正法，善恶何能晓。"如果善恶是什么都分不清楚，又怎么行善呢？进入邪教的人，觉得自己是在行善，实际上是不是在害人呢？所以没有智慧的时候，你以为是在行善，其实，行的不一定是善。因此听闻教法开智慧，是紧急中的紧急，是最重要的。

　　只有我们开了智慧，才会知道什么是真正的孝和善，才会知道行孝和行善的重要性，以及如何行孝、如何行善。所以，虽然行孝和行善都不能等，但是听闻教法更不能等。

　　佛陀曾经讲过："两个人在一起，做什么事情功德最大呢？就是一个人讲法、一个人听法，这是所有功德中最殊胜无比的功德。"大家能一起学习佛法，这是我们人生当中功德最为殊胜的事情，没有比这个功德更殊胜的了。任何的善都无法超越听闻正法的善，因为一切的善都是从听闻正法中产生的。这是一切事情当中最有功德的事。

　　《无常经》云："佛法如甘露，除热得清凉，一心应善听，能灭诸烦恼。"只有通过佛法的甘露才可以消除烦恼痛苦，听闻佛法也是最快乐的事。

　　这个世界上会有很多看似很重要的事情，但其实也不见得那么重要。古人云："磨刀不误砍柴工。"如果我们的刀不够快，哪怕每天砍柴忙得不可开交，效果也不一定好。但如果我们开了智慧，就会很轻松地处理好各种事情。所以，听闻教法获得智慧才是最重要的。

《华严经》云："如来大智慧，希有无等伦，一切诸世间，思惟莫能及。"又云："譬如暗中宝，无灯不可见，佛法无人说，虽慧莫能了。"一定要知道听闻佛法的重要性，只有听闻了佛法，破除了无明，开了智慧，才能改变自己的人生，才能更好地帮助自己和一切众生。《八大人觉经》云："愚痴生死，菩萨常念，广学多闻，增长智慧，成就辩才，教化一切，悉以大乐。"我们只有在智慧非常高深时才能帮助到别人。没有智慧，就没有办法帮助别人。

及时闻教法，是为最吉祥。

什么是"及时"呢？这个"及时"里学问很大，真正懂得佛法智慧的人，总嫌学得太晚。如果能早点学、早点听闻，我们在人生道路上就不至于犯很多的错误，受很多的苦。

不及时闻教法，就不能开智慧。我们一天不开智慧，就一天生活在无明之中。世间的每个人都想快乐、都想幸福、都想成功、都想获得利益，但如果我们没有智慧，就会种下负面的种子、不幸福的种子，最终就会感受到无穷无尽的痛苦。如果我们能够"及时闻教法"、开智慧，就可以早日破迷开悟、离苦得乐。

很多父母都非常希望自己的孩子能够快乐幸福，经常给自己的孩子出很多主意，要求他们这样、那样。但问题是做父母的自己幸福吗？快乐吗？有智慧吗？吉祥、圆满吗？如果父母亲真的非常幸福，非常快乐，非常有智慧，非常地吉祥、圆满，那么孩子应该听。如果不是这样的话，那么就要好好地考量了。

父母亲所说的话是不是全部要听呢？不一定的。《孝经·谏诤章》里讲："若夫慈爱、恭敬、安亲、扬名，则闻命矣。敢问子从父之令，可谓孝乎？子曰：是何言与？是何言与？昔者天子有争臣七人，虽无道，不失其天下。诸侯有争臣五人，虽无道，不失其国。大夫有争臣三人，虽无道，不失其家。士有争友，则身不离于令名。父有争子，则身不陷于不义。故当不义，则子不可以不争于父，臣不可以不争于君。故当不义则争之，从父之令，又焉得为孝乎？"《弟子规》也说："亲有过，谏使更。怡吾色，柔吾声。"

中国古代的传统是反对封建家长制的。我们现在的人倒是有点封建家长制，凭自己主观的想法，让孩子学这学那。你自己都不幸福，按照你的方法去做，你的孩子会幸福么？

世间的很多工作都要有上岗证，但是，我们人生中重要的事情——结婚和生子却都没有"上岗证"。怎么做父母还没有搞清楚，孩子却已经出生了。这下麻烦了，到书店看一堆书、上网查一些资料，这样来学怎么养孩子。养孩子就这么简单么？养孩子有很大的学问啊！

古人讲"至乐莫如读书，至要莫如教子"，没有任何事情比养育后代更为重要，所以孟子讲"不孝有三，无后为大"。这"无后为大"并不是说生不出孩子，而是说不能把孩子好好地培养成圣贤。如果你的孩子忤逆不孝，能把你活活气死，那还不如没有孩子好。

"不孝有三，无后为大"这句话的意义非常大。为什么要有后代呢？祖先所开创的优秀智慧与丰功伟业，需要有人继承下去。所以，培养接班人是我们人生中最重大的事情之一。中国古代皇帝登基后，第一件要做的事情是什么呢？就是要确立太子，然后要请全国最好的老师来教育太子。

现代很多人自己的事业还可以，但是培养孩子却不行。为什么呢？第一，没有"上岗证"；第二，也不知道怎么培养；第三，可能也没有重视到这个程度。这是非常麻烦的事情。每个父母都希望自己的孩子成功、都希望自己的孩子快乐，但是，有多少父母真正知道让自己孩子成功的方法呢？

当应试教育、题海战术充斥了孩子的整个童年、少年时，有多少父母在思考孩子青年、成年后的幸福人生到底来自什么？当艺术考级、课外辅导牵引着孩子奔逐于难得的周末时，有多少父母用智慧为孩子选择了真正能获得人生成功与幸福快乐的素质教育？在中国，最忙的恐怕就是这些深爱子女、勤于教育的父母了，然而，往往都是看不清方向地跟风、盲从，对于这样的教育是否能让孩子走向成功和幸福，做父母的完全没有把握。孩子的人生不是赌博啊！没有把握的事情能做吗？不用说成功率多少，只要有百分之一失败的可能性就是在赌博。做父母亲的理所当然要重视孩子的教育，但重要的是，首先要搞清楚人生成功的真正原因是什么，在孩子宝贵的金色年华，到底该给孩子怎样的教育。

佛法从来不做任何赌博的事情，佛法做的都是能够确定的事，这是三宝、诸佛菩萨给我们保证的。从古到今两千五百年来，所有的人按照佛法真理去做都得到了同样的结果。不管是在古代还是现代、在中国还是外国，都一样。

以前师父给我们传授《金刚经》时，每次讲《金刚经》前，都要讲两千五百年来发生的通过《金刚经》获得成功的案例，让我们非常有信心。从佛陀传授《金刚经》开始一直到现在为止，不断有人通过《金刚经》在各个领域获得成功，这说明《金刚经》的智慧放之四海而皆准。所以这种智慧就非常值得我们去学习，我们学了以后非常踏实，每个人都能获得同样的结果。

我们要对自己的人生有一个非常深刻的思考：真正成功的原因是什么？百分之百成功的原因、没有任何例外的原因到底有没有？

佛法讲宇宙人生是有规律的，只要掌握了规律，每个人都可以实现自己的心愿。没有例外，不可能有人失败，除非他的方法不正确。只要方法正确了，每个人都能得到同样的结果。

佛陀讲了四谛："苦、集、灭、道。""苦"是轮回的果，苦一定有原因，这个原因就是"集"；"灭"就是烦恼息灭，获得解脱的果，解脱也有原因，解脱的原因就是修"道"。佛法首先揭示我们痛苦的原因，然后告诉我们消除痛苦的方法。而且，这种方法对任何人都适用，只要我们愿意照着去修、去做，每个人最终都可以息灭自己的烦恼，获得真正的幸福圆满，获得彻底的觉悟。这就是佛法殊胜、可靠的地方。

为什么说佛法可靠呢？可以从三个方面来论证：

第一，佛法有很系统完整的理论。通过学习，我们可以从理论上完全了解痛苦的原因及解脱痛苦的方法是什么。佛法从理论上是成立的，是非常完善、没有任何漏洞的。

第二，有非常详细、具体、切实可行的方法。如果只有理论没有方法，那我们也做不到。所以从两千五百年前开始，佛陀就传授了切实可行的方法，可以帮助我们获得解脱。

第三，不断有成功的案例。从两千五百年前到现在不断有人获得解脱，说明是非常可行的。不是说这种理论和方法只有在释迦牟尼佛身上才灵，在其他人身上就不灵，不是这样的。只要你掌握了正确的理论和方法，每个人都可以获得和佛陀同样的结果，这就是佛法最了不起的地方。

"佛氏门中，有愿必成。"每个人都可以实现自己的心愿，无论我们想要得到世间幸福圆满的人生，还是想要获得出世间的解脱和觉悟，都可以实现。从古到今这样的案例太多了，在《大藏经》里记载有成千上万的案例。

袁了凡先生，中国明朝人。他就是通过因果法则和准提神咒的修行完全改变了自己的命运，实现了自己所有的愿望，心想事成的。所以，这种成功的方法是完全可以被复制的，只要按照这个方法去做，每个人都可以得到同样的成功，这就是我们要去学习的。

那么其他方法管不管用呢？能不能让我们百分之百成功，没有任何例外？没有失败的可能性？如果能保证，而且有非常完善的理论体系，无懈可击，禁得住任何考验，那才是我们可以学习的方法。但是，对于社会上一般人的想法，如果你仔细分析，其实并不一定有道理。

比如说，很多人认为要得到利益，就要从别人身上拿过来。如果不学佛法就觉得挺有道理的，钱是怎么来的呢？当然是从别人口袋里赚过来的。但事实上不是这样的，从因果的角度来讲，完全不是这么回事。如果我们通过经商的手段可以赚到钱，那么是不是每个人做生意都赚钱呢？是不是每个人做同样的生意都赚同样多的钱呢？不是的。哪怕我们开同样的店、做同样的投资、卖同样的东西、处于同样的地段，但是结果都不一样。说明什么呢？项目也好，经商也好，所有的商业方式并不是赚钱的真正原因。

如果是赚钱的真正原因，应该每个人去做都有同样的结果，但事实上这是不可能的。哪怕你曾经在这个项目中赚了钱，你再去做一次不一定还能赚钱。你以前炒房赚了钱，后来炒房就可能亏本了。前两天炒股票赚了，后两天炒股票就亏了，这种事情经常发生。

即便是做同样的事情，去年和今年就完全不一样。同样的人做同样的事情应该得到同样的结果，但事实上却不是这样。这说明什么呢？这些都不是真正赚钱的因。如果是真正赚钱的因，你应该做一百次得到一百次同样的结果。比如说，西瓜种子是长出西瓜的因，我们种一百次西瓜种子肯定一百次长出的都是西瓜，不可能长出一个南瓜来。这就叫真理，每次都会得到同样的结果。只要我们种下这个种子，在一定的土壤、水分、阳光、雨露

199

之下，那就一定会长出西瓜来。这就是佛法讲的因果规律，它揭示了我们想要的健康、财富、和谐、智慧等真正的成因和来源。

佛法里所讲的道理都是宇宙人生的规律，而且是不变的规律。这种规律在古代是这样的、在现代是这样的、在未来还是这样的，在中国是这样的、在外国还是这样的。不论古今中外任何人，只要想得到快乐，就必须要遵循这些原则。

儒释道三家在因果方面的很多教法都是非常相似的，这是"英雄所见略同"。这些大智慧的人，他们所阐释的宇宙规则都是非常接近的。当然，佛法是更加地精细，其他教法讲得比较粗一点，分析得没有这么细致，佛法最为精细、最为系统、最为完整、最为深刻。

而且，佛教从来不回避任何人的挑战。在佛学院里专门有辩经的课程，学僧们可以对老师提出疑问，也可以互相辩论，每个人都可以质疑佛陀讲的是不是正确的。通过辩论，最后了解到佛法是无懈可击的，因为两千五百年辩论下来，到现在还没有找到任何破绽。

佛法是非常民主、非常科学、非常现实的。从这些方面来看，佛法的理论体系和实践方法是极为完善、无懈可击的，而且已经得到历史的验证。所以希望大家一定要"及时闻教法"，尽早地学习能让我们获得真正吉祥和究竟圆满的佛法。

我们不但自己要尽早学习佛法，而且要让家人都逐渐地开始学习佛法。如果孩子从小就懂得因果、懂得做人的道理，能够开始忏罪积福，那么他未来的人生一定会成功、幸福；如果父母能学习智慧、修习佛法，那么他们就能解开很多的烦恼，获得很多的吉祥，最终还能解决生死大事。

但是，我们引导家人学习佛法或学习中华传统文化，一定要注意方式方法，不可以强迫，要以他们欢喜的方式让他们慢慢了解。首先我们自己要对佛法、对中华传统文化智慧有深入的学习，并且以身作则，这样家人才会对你有信心；其次，态度要非常好，不能用教训的方式，一定要有智慧和善巧。比如以向父母亲请教的方式与父母亲沟通，一起来探讨佛法。

自己能够及时闻教法，是对自己的人生负责；能够引领孩子及时闻教法，是为人父母最大的慈爱；能够引导父母及时闻教法，是为人子女最大的孝养。

及时闻教法非常重要。只有通达了佛法，才能开智慧。只有开了智慧，才知道什么该做、什么不该做，才知道这些事情做了，未来一定会有什么样的结果。

人为什么会迷茫？就是因为无明。如果我们破除了所有的无明，完全具足无碍的智慧，就可以清楚地知道未来的一切，就可以完完全全地把握自己的人生。

我们学佛会越学越心安，为什么呢？因为太有效了，百分之百有效，没有例外的。

一般人做事情，其实都是在赌博。开一家公司一定会赚钱吗？不一定，也可能赚钱，也可能赔钱。递一份简历一定会被录取吗？不一定。即便被录取了，一定会快乐吗？不一定。被录取了一定会赚到钱吗？也不一定，不少公司发不出工资，倒闭的也很多。

所以，最重要的就是学习佛法。如果我们已经完全洞彻了宇宙人生的真相，就可以百分之百地掌握自己的人生。我们心里非常清楚所做的事情一定会产生什么样的结果，那么心就笃定了，人生就快乐了。

为什么现在人的心非常不安？因为对未来很迷茫，没有把握，不知道未来的命运会怎样。为什么算命看相的生意这么好？人们都在问什么？"给我算算，我未来的命运会怎样？"这就是我们人类的一种恐慌，对自己命运的一种恐慌，因为对自己的命运没有把握。但是如果我们真的已经完全洞明佛法的真理，就不会这样了，因为对自己的命运非常有把握，知道自己未来一定会变成什么样子，而且我们想变成什么样子就变成什么样子，这就是佛法不可思议之处。

而且，我们所说的成功，不是说成功率有百分之多少，而是百分之一百，没有例外的成功，这一点希望大家一定要深刻地了解。所以，特别是因果法则，一定要不断地去复习、力行，因为只有对因果法则彻底地洞明和相信，才能够心安。

我们为什么要学习和力行《吉祥经》？

如果能够完全按《吉祥经》中佛陀的教导去做，按照三十八种吉祥如意的方法去修持，我们一定是"从光明走向光明"，一定会越来越好。当我们真正了解了佛法以后，就会对佛法具有绝对的信心，不会退缩，不会动摇。

我们及时闻教法还应该有自觉觉他、自利利人的发心：除了自己和家人要及时闻教法，我们还要希望所有的人都能及时闻教法，获得真正的幸福和吉祥。现在大家要努力学习，未来就有能力去弘扬佛法、传播中华优秀传统文化智慧。大家想想看，有哪一种事业比让自己和别人都能开智慧，都能得到幸福圆满的人生更有意义呢？

但是，要觉他，首先要自觉；要利人，首先要自利。所以，首先自己要好好地学习。如果每个人都非常有福报、非常有智慧，那每个人都可以得到幸福圆满的人生，都可以得到证悟，解脱成佛。大家已经有了这样的善根、福德、因缘，一定要珍惜。

前面讲了这么多，无非就是告诉大家要"及时闻教法"。听闻佛法绝对不能够迟疑，越早越好，越及时越好！越年轻修行佛法，我们未来的人生就会越好！等你已经犯了很多错误、已经种了很多负面种子、已经走了很多弯路，才修行佛法，那就已经吃了很多苦了。所以希望大家一定要对佛法生起信心，尽早学习佛法，自利利人，自觉觉他！

二十七、忍耐

佛陀时常称赞忍辱者是拥有强大力量的人，忍辱也是最好的苦行——对气候、食物、人们的闲言闲语甚至打骂等不同状况的忍耐。

忍耐包含了安忍、忍辱、包容、耐得住，忍耐是最好的苦行，也是最高的吉祥。佛陀在《遗教经》中说："忍之为德，持戒苦行所不能及。能行忍者，乃可名为有力大人。"

忍耐是面对气候、环境、社会、饮食等的恶劣条件时毫不怨天尤人，并能安然承受；忍耐是遭遇他人的闲言碎语、误解、诬告、诽谤时的不嗔不怨、不辩不解；忍耐是听闻、学习甚深教法时的不疑不谤、不烦不躁；忍耐是面临修行瓶颈、举步维艰时的不急不怠、不激进、不退缩……

忍耐会让人变得坚强而有毅力，生出承担的勇气和力量；忍耐能造就社会的栋梁，亦能结出一个个修行的硕果。

做人做事，忍耐是非常重要的。世间的事情需要忍耐，出世间的修行也需要忍耐，没有忍耐将一事无成。古人所说上贵之相："其坐也如介石不动，其卧也如栖鸟不摇，其立也昂昂然如孤峰之耸，其行也洋洋然如平水之流。言不妄发，性不妄躁，喜怒不动其心，荣辱不易其操。"从中可以看到，一个有上贵之相的人，行住坐卧、言行举止、起心动念无不体现着忍耐的涵养。弘一法师语录中也记载着类似的话语："有才而性缓，定属大才。有智而气和，斯为大智。""性缓""气和"就是指我们的心性不要太急躁，做任何事情都要忍得住。忍得住的人就会得到大成功，忍不住的人哪怕能成功，也是小成功。所以想成为"大才、大智"的人一定要懂得忍耐。

做任何事情都要有个过程，从因到果一定是需要时间的，如果没有耐心，就等不到想要的结果。就像种田一样，春天播下种子之后，我们要每天浇水、施肥，精心呵护它的成长，耐心等待秋天的丰收，不能像成语"拔苗助长"里的那位农夫般急于求成。做任何事，包括任何传统文化智慧的修学，都需要日积月累。

很多人都问我：学传统文化智慧有没有速成的方法？我的回答是：没有。就像小孩子的成长，只要每天吃饭、喝水、呼吸空气，在不知不觉中他就长大了。学习传统文化智慧也是一样，需要我们在日常生活中去种下点点滴滴的正面种子，让它们循着因果规律慢慢长大结果。只要能坚持到底，每天熏修，不知不觉中我们就变成了圣贤、变成了菩萨，总有一天，终将成佛。

就这么简单，将学习和修行养成习惯，像每天的吃饭、喝水、呼吸空气般普通而恒常不懈。每天闻思一点点，每天力行一点点，每天进步一点点……我们的智慧、慈悲、力量、福报就是这样在点点滴滴的积累当中每天增长。不知不觉中，我们的生活越来越好，我们的修行也越来越有成效，有一天我们会发现，我们整个生命状态已焕然一新。

就拿学习《吉祥经》来说，如果你能每天早上念一遍，并且每天去思维里面的法义，每天去落实、力行这三十八个吉祥的方法，慢慢地你的生活一定会越来越吉祥，最后不仅会得到世间的吉祥，也将得到出世间最究竟的吉祥。这丝毫不是什么玄乎其神的迷信，一切只不过是顺应规律罢了。比如说修学《吉祥经》能消灾免难，为什么？因为灾难的结果来自于曾经伤害他人的因，我们之所以会种下这些恶因，是因为愚痴无知。在学习《吉祥经》、学习佛法之前，我们碰到利益的诱惑会巧取豪夺，碰到烦心的事情会无明火起，碰到人生的岔路会误入歧途……也许在一句话、一个行为、一个心念之间，就种下了很多害人害己的因。佛经讲，我们的心识在一弹指的时间就能种下60个种子，如果我们任由负面的心态不断生起和持续，可想而知，那将会种下多少个痛苦的因！有因必有果，当未来这些痛苦的结果都回到自己身上来时，那就是灾难临头、在劫难逃了。但是今天有幸能学习《吉祥经》，本来要做的错事就及时打住了，本来心里正在生气就烟消云散了，本来走错了路也能迷途知返了，这就是《吉祥经》在帮你消灾免难。因为痛苦的因没有了，痛苦的果自然就不会有了。有些人就是因为一口气放不下而酿成弥天大祸，而学习了佛法智慧的人就能看得破、放得下，就能学着宽容和慈悲，从而使负面的种子都转化为正面的种子，把未来的灾难都转化为吉祥，这就是《吉祥经》能消灾免难的原因。很多的灾难，就是在听闻、思维、力行《吉祥经》时，不知不觉就消除了。

"菩萨畏因，凡夫畏果。"菩萨在种下因的时候就知道会有什么结果，就知道什么该做，什么不该做；而凡夫在种因时不用智慧去抉择，想做什么就做什么，得到果报时就痛苦了。要想人生吉祥如意，千万不能急功近利、盲目地求结果，而是应该耐心地学习取舍的智慧，谨慎地抉择因果的播种。当我们耐着性子"只问耕耘，不问收获"时，丰收的果实自然而然会呈现在我们面前。

就拿赚钱来说，永远都为时不晚，真有这个福报，越晚兑现利息越高，所以不要急着去奢求。是你的福报一定会到你身上来，绝对不可能掉到别人的碗里去，对因果要有这样坚定的信心和耐心。世上不能等的头等大事只有一个，那就是学习智慧。没有智慧，即使你想行善行孝，想种正面种子都不一定能做对。所以我一直强调学习传统文化智慧的关键就是要"学一句，懂一句，做一句"，这样才能得到每一句的利益。不要求速成，一定要耐心，要一步一个脚印地前进。

在我的修学历程中，有两句话对我影响深远，一句是《无量寿经》中的"人在世间，爱欲之中，独生独死，独去独来，当行至趣，苦乐之地，身自当之，无有代者"。每个人的轮回都是独生独死、苦乐自当。快乐要自己承受，痛苦也要自己承受，没有人可以代替，一切都是自己种因、自己得果。明白了这个道理，就不会对任何人产生贪执或嗔恨，坦然地去面对自己的因果就好了。另一句是雪相老法师曾经跟我说的"欲无烦恼须无我，各有因缘莫羡人"。断除烦恼的根本方法是证悟无我的空性，没有"我"就没有烦恼了；每个人都有自己的因缘，不需要去羡慕别人。别人财富丰足也好，婚姻美满也好，修行成就也好，都是别人的善因善果，我们不要去羡慕、嫉妒、恨，也不要去攀比和强求，唯有自己努力去种下正面的因，才是改变命运的根本方法。

"君子有造命之学，命由我作，福自己求"。学习传统文化智慧一定是可以改造命运的，但是不能着急，要有信心和耐心。有些人急于想知道自己的命运，就到处求签问卦，弄得自己患得患失，更加烦恼。我研究算命看相很长时间，最后得出来的结论是"但明因果修福慧，前程不必问如何"。因决定果，今天种下什么因，就决定未来得到什么果，何必要去问别人呢？深信因果的人根本不需要去算命，只要每天奉行《吉祥经》中的三十八种吉祥如意的方法，好好地修福修慧，未来想不吉祥如意都不行。

不过这个学习力行的修行过程也是极其需要忍耐的。历代的高僧大德在求法修行时，都历经很多的苦行、磨难，甚至面临生命的危险。没有忍耐不可能走好修行的路，没有忍耐不可能修成正果。以前师父对我讲，为了求法而朝讲法地点方向走出一步路的功德都是无量无边的。我们在求法修行中所吃的一切苦，都是在消除过去的负面种子，都是在消除未来的痛苦，是非常值得的，我们应该以快乐的心去忍耐闻思修行中所有的痛苦和考验。

古人讲"百忍成金""小不忍则乱大谋"。成就世间的事业需要忍，菩萨修"六度万行"也需要忍。六度就是"布施、持戒、忍辱、精进、禅定、般若"，布施波罗蜜修到圆满是初地菩萨，持戒波罗蜜修到圆满是二地菩萨，而当忍辱波罗蜜修到圆满时，就是三地菩萨了。《入中论》的教证说：初地菩萨可以一刹那化身一百个去度化众生，二地菩萨可以一刹那化身一千，三地菩萨可以一刹那化身一万个去度化众生。所以，修忍辱波罗蜜非常地殊胜。

修行忍辱不是件容易的事，尤其是受到伤害、诽谤、委屈时依然要忍耐就更不容易。所谓"心字头上一把刀"，功夫不到家，往往就会忍无可忍、前功尽弃。其实忍辱不是强压和硬忍，而是明白道理后的坦然承受。首先要非常清楚地了知，我们所遇到的一切境遇都是自己的果报。诬陷也好，伤害也好，都是自己曾经给出去的，现在加倍回来而已，怨不得任何人；而且要明白"吃苦了苦"，负面种子成熟之时即是在转换消失。所以不仅不要采取以牙还牙的错误方式去重新种下负面种子，而且还要能以"闻谤不辩"的安忍去消除过去的负面种子。深信因果的人修忍辱时不仅不会痛苦怨恨，而且还会欢喜感恩，因为有人帮你将负面的种子转换消失了，就是在帮你挖掉潜伏的毒瘤、恶因，当然应该高兴、当然应该感恩。《佛子行》云："于求妙果之佛子，一切损害如宝藏，故于诸众无怨恨，修持安忍佛子行。"为了利益一切众生而求佛果的佛弟子，应该将一切损害自己的人都当成宝贝、宝藏，对一切的众生都没有怨恨之心，修持安忍就是我们佛子应该做的事情。

同时，还应该了知伤害我们的人在无明中又种下了痛苦的因，他才是最可怜的。所以不仅要感恩他消除我们的恶因，更要宽容他的无明、悲悯他的恶业，在内心默默祝福他也能早日破迷开悟，离苦得乐。如此修行忍辱，不仅消除了负面种子，而且种下了新的、强大的正面种子，是真正利人利己的"双赢"。所以，忍辱、忍耐是最好的方法、最高的吉祥。

修行忍辱波罗蜜的人面对伤害、困难、艰辛等逆境时需要磨练意志，修行忍耐；面对赞叹、顺利、荣耀等顺境时同样需要修行忍耐。顺境中的忍耐是要耐得住虚荣心、傲慢心、诳妄心的考验，让自己还能保持"如临深渊、如履薄冰"般谨慎、谦卑、低调的心态。正如《太上感应篇》中所说的"受辱不怨，受宠若惊"。受到屈辱伤害时不憎不怨，受到宠爱赞美时诚惶诚恐。面对鲜花掌声、好评如潮时，也恰恰是我们修行忍耐的时候。千万不要认为是应该的，认为自己就是很了不起，此时内心当中应该要有惶恐之心，要认识到自己的德行、智慧等都是很欠缺的。就像韩国电视连续剧《大长今》里的女主角，有人赞叹她，她就会说："小的很惶恐！"其实这都是来自中国的传统文化。中国的优秀传统文化，曾经在整个亚洲地区都非常盛行，直到现在还深深地影响着日本、韩国、越南等国家，他们的所有礼节、行为准则都是按照中国的圣贤之道来做的。另外还有两部韩剧也推荐给大家：一部是《医道》，一部是《商道》。在这些韩剧当中，体现着非常深邃的中华优秀传统文化智慧，值得体味和反思。

最后还要告诉大家，修行忍辱的人未来还会相貌庄严。佛经里面讲，人长得庄严、漂亮的因，就是过去曾经修行忍辱。这倒也不难理解，不信你嗔恨心起来的时候、发起脾气来的时候，拿一面镜子来照照，是不是非常地丑陋？所以，要想相貌庄严美丽，也一定要修忍辱。

　　修忍辱波罗蜜的好处太多了，所以再难都要"难忍能忍，难行能行"。终有一天练就了弥勒菩萨的"大肚能容，笑口常开"时，你就是最快乐、最吉祥的人，就能利益到无量的众生。

二十八、柔和

我们要成为容易受教的人，面对他人的教导或批评，能以柔和、顺从的态度去谦虚接受，如此才能进步。不听从他人劝告的人是很难被教导的，也很难跟他人相处。

"忍耐与柔和"如同一双并蒂莲花，是打开人生吉祥宝库的一把双管钥匙。《妙法莲华经·安乐行品》云："菩萨摩诃萨住忍辱地，柔和善顺而不卒暴。"又云："是佛子说法，常柔和能忍，慈悲于一切，不生懈怠心。"可见，"忍耐"与"柔和"之间相辅相成的微妙关联。大致来讲，"忍耐"更多的是对自己的调伏，"柔和"更多的是对他人的慈悲。如能圆满此两种品行者，就如同给自己穿上了佛陀的衣服般庄严吉祥，因为《妙法莲华经·法师品》云："如来衣者，柔和忍辱心是。"

"柔和"是慈悲柔软的心，是圆融善巧的行为，是温柔随顺的话语。"柔和"是我们与人交往时应有的态度。

柔和的人易受教，随时随地准备好接受他人的教导和忠告。《弟子规》云："父母教，须敬听；父母责，须顺承。"《孝经》里讲孝顺，"孝"关键要"顺"，要柔和顺从。有些人孝心还是有一点的，但就是做不到顺，老是不听从父母亲的话，总是跟父母亲顶撞逆反，令他们伤心，惹他们生气，这样即使有所谓的"孝心"，其实根本就是不孝。孝不是靠嘴巴说的，是要去做的。怎么做？关键就是要顺。我们学过对父母的"四养"：养父母之身，养父母之心，养父母之志，养父母之慧。其中的"养父母之心"，就是要让父母亲快乐。如果我们总是不顺从父母，又怎么能让父母亲快乐呢？为什么人们把不孝的孩子称为"逆子"？我们每一个人都应该要好好地反思一下：自己到底是个孝子，还是个逆子。

如果一个人在家对待父母都不能孝敬顺从，那么对待其他人也一定做不到柔和善顺，即使做到了也是暂时的、虚伪的，因为"不爱其亲而爱他人者谓之悖德，不敬其亲而敬他人者谓之悖礼"。一个人要养成柔和的品性，还需要从孝道做起。

当代社会世风日下，人们的习惯不是柔和顺从，而是我行我素、任性逆反。父母说什么我偏不听、不做，老师讲什么我偏不听、不做，张扬个性嘛！现在社会提倡的就是这样。但事实上你对别人逆反，以后别人对你更逆反；你和别人不配合，以后别人和你更不配合，这就是因果报应。如果你总是随顺父母，以后你的孩子一定会随顺你；如果你总是顶撞父母，将来你的儿女顶撞你就更厉害。长江后浪推前浪，青出于蓝而胜于蓝。你以前一言三顶，儿女们就一言九顶，孙辈们就一言十八顶，到那时就悔之晚矣！每个人都要为自己的行为负责，都要为自己的未来负责，谁都跳不出因果，该怎么做都由你自己抉择。

恩师慧梅阿阇梨跟我讲了一句话，一直记在心里，对我的影响很大。他说，你和任何人相处，都要"满他的愿、随他的便"。别人有什么心愿我们尽量帮他实现，别人想要怎么样，我们就尽量随他的心意，这就是顺。只要随顺大家，大家就会高兴，大家高兴了，我们才能高兴，没有必要非得跟别人逆着来，搞得大家都不开心。不过这句"满他愿、随他便"，说起来容易，做起来难。有时候，人就是有一种不好的习气，明明知道人家说得对，就是不承认；明明知道应该随顺，可是牛脾气上来了就是要顶牛。然而，如是因如是果，最后的结果就是自己总是感受到反对和争斗，成天生活在不和不顺的世界里，非常痛苦。其实，成全别人就是成全自己，今天懂得随顺别人、配合别人，未来就会有更多的人随顺你、配合你，你才能感受到吉祥顺遂。

要做到柔和随顺不容易，要正确做到柔和善顺更不容易，因为这个顺一定是要有智慧的，不能糊里糊涂地乱顺。普贤菩萨有十大行愿，其中有一条就是"恒顺众生"，对一切众生都要恒顺，但是要随顺他的善法，而不能随顺他的恶法。比如说别人去杀生，你也随顺去杀生，那就大错特错了。的确，难就难在这里了，众生在无明我执中，很多行为都是迷惑颠倒的恶法。怎么恒顺？这时你要慢慢来，心中要有原则，更要有耐心。碰到恶法时，你要学会打太极拳，导引吐纳、轻松柔和，最终就能以柔克刚。特别是不能急躁，不要看到恶法就马上逆反，逆反就形成对立了，别人反而不接受你，就失去了进一步引导他向善的机会。《孝经》里专门有一章节《谏诤章》，是说当父母、领导、亲友等不仁不义、违背因果规律时，我们应该要劝谏，这也是子女应该做到的"养父母之慧"。但是首先要"养父母之心"，千万不能手执佛法，声色俱厉，一定要以爱敬的态度，通过"怡吾色、柔吾声"来慢慢引导他们，切忌急躁和强硬。如果一时间难以劝导，可以先在外表上随顺，先让他欢喜，以后有机会再慢慢地把他引导到善法上去。

有一则寓言故事就蕴含着"恒顺众生"的智慧，说的是北风和太阳在荒野为争夺行人斗篷而较量。北风越是呼呼地吹，行人越是将斗篷紧紧裹在身上；而太阳则用温暖的阳光拥抱行人，行人很快脱下了斗篷。人与人的关系也是这样，如果你用柔和温暖之心待人，对方自然就会卸下敌意的铠甲。我们恒顺众生就是要像太阳那样，为严冬腊月里的众生送去温暖的阳光，即使是再刚强难化的众生，都要用柔软的心、柔顺的语言、柔和的态度去陪伴他、引导他、度化他。

《文昌帝君阴骘文》云："作事须循天理，出言要顺人心。"华智仁波切在《自我教言》中也说："随顺之事有三种：语言随顺于亲友，衣饰随顺于当地，自心相应于佛法。"我们的内心要随顺佛法、符合天道，外在的言行要随顺众生、让众生欢喜。我们讲话时，要懂得随顺别人，要多点头、多微笑，不要老是板着一张脸，不要开口就一言九"顶"。还有，不管到哪里，穿衣打扮都要尽量与当地相适应，不要穿得和别人完全不一样。

中国古代有一部女学经典《女诫》，其中的两句话："谦则德之柄，顺则妇之行。"指出了女子德行的根本就在于谦卑、柔顺。作为一个女子，要学会温柔，温柔体现在哪里？就是要懂得随顺。柔顺即是温柔和随顺，再加上取舍的智慧，就是一个女子要努力做到的。我们要学习方便圆融、柔和随顺，但不能没有原则，而是"态度要温柔，立场要坚定"。

做人要学习古代的铜钱——外圆内方。我们的内心要相应于佛法，对于因果善恶了了分明，而外在的语言、行为和态度则要圆融柔和、随顺众生。要努力做个温柔而坚定的人，虽然这很不容易，但却是获得吉祥的方法，也是佛弟子"恒顺众生"的必修功课。

🪷 二十九、得见众沙门

　　"得见众沙门"会使我们获得功德，并且被祝福。如果我们以爱敬、崇信的眼光去注视沙门，未来几千世都不会有眼疾，眼睛会很明亮。

　　见到沙门，我们可以四事供养，也可以顶礼或合掌。

　　首先，我们要知道什么是沙门，在佛经里对沙门有两个定义。

　　第一，"沙门"译意为"勤息"，即"勤修戒定慧，息灭贪嗔痴"的意思。勤修佛道和息诸烦恼的人方能称为沙门。一个人剃光了头发、穿上了僧衣，是否就一定可以称为沙门呢？不一定，关键要看他是不是真的在"勤修戒定慧，息灭贪嗔痴"。如果一个人精勤修行戒定慧三学，具足慈悲和智慧，并且努力对治我执，贪心、嗔恨心、愚痴都非常微弱了，这种人可以称为沙门。

　　第二，《佛说四十二章经》说："辞亲出家，识心达本，解无为法，名曰沙门。"意思是说，一个人离开了世俗家庭，出家修道，认识了心的本性，通达了无为的法性，这样的人就称为沙门。在这个定义里，沙门的标准很高，要明心见性的人才能称为沙门。

"得见众沙门"就是指要我们去亲近那些"勤修戒定慧，息灭贪嗔痴"的修行人，去亲近那些已经识心达本、明心见性、开悟的圣人。在佛法里把这样的人称为"善知识"，"得见众沙门"指的就是亲近善知识。就像我们在前面"亲近诸智者""尊敬有德者"中阐述的道理一样，如果能够亲近这些有德行、有智慧的人，我们也会变得有德行、有智慧。亲近善知识是至关重要的吉祥秘诀。

佛经中云："诸法依靠善知识，功德生处佛所说。"善法全部依赖于善知识，善知识是一切功德的来源，这是佛陀亲口所说的。《佛子行》亦云："依止正士灭罪业，功德增如上弦月。"作为凡夫众生的我们有很多的贪嗔痴，也曾经种下很多的负面种子，依止善知识就能使我们渐渐地息灭贪嗔痴、灭除恶业。若能依止善知识多年，就会发现自己的身心也出现了许多功德，就像初一到十五的上弦月一样日日增上，渐渐圆满。

如果我们具足信心，像《华严经》中的善财童子那样如理如法地依止善知识，跟随传承祖师的足迹，踏踏实实一步一步按照传承的次第来好好闻思修行，我们每个人都是可以明心见性、解脱成佛的。

这就是"得见众沙门"这条吉祥秘诀中所蕴含的智慧。在很多佛经论典中都明确指出：依止善知识是一切道之根本。大家一定要多亲近这些"勤修戒定慧，息灭贪嗔痴"及已经"识心达本"的真正的具德善知识。可以毫不含糊地告诉大家，这也是我们获得一切吉祥最根本的源头。

三十、适时论信仰

当我们遇到困惑，应该向善知识请教佛法的智慧；我们还应该在适当的时间和那些有智慧、有经验的善知识讨论佛法。因为佛法是深奥的，也是实用的，通过请教和讨论，就能够更好地了解佛法、运用佛法，我们就能够解决烦恼、获得吉祥。

上一条"得见众沙门"是对"亲近诸智者"及"尊敬有德者"的重申和强调，而这一条"适时论信仰"也和前面的"及时闻教法"互为补充。说明这几条吉祥秘诀都是最关键、最重要的，我们应该要反复学习思维这些重点内容，而且要当做首要任务去努力力行，这样就能找到吉祥的源泉，掌握吉祥的窍诀。

听闻了教法之后，是否在你心中产生了决定的信心？是否已上升为你坚定的信仰？一个人的信仰非常重要，信仰能够把我们平凡脆弱的物质生命，塑造、升华为具有高贵品格和坚强意志的精神生命，能够将我们的生命格局从狭隘自私的小我扩展为心包太虚、量周沙界的无我，能够在最危险的情形之下支撑我们，能够在最严峻的困难面前激励我们……

如果把我们的生命比作一栋房子，那么信仰就是这栋房子的支柱。如果一个人没有信仰，就像一栋房子没有柱子，终究会坍塌倒落。

尤其在面临灾难或生命危险时，有信仰的人会显发出更坚强的生命力和更镇定的应对姿态，因为虔诚的信仰让他的心灵始终有坚强的支撑和依托的方向。比如说，在不少发生地震的地方，有些幸存者能够在地下存活很多天，就是因为他有强烈的求生欲望，特别是有信仰的人会比没有信仰的人更能够坚持。

举个例子：有个无神论者坐飞机，飞机突然间发生强烈颠簸，空中小姐紧急广播，飞机出现异常，所有人顿时慌成一片，无神论者也恐慌极了。但这时他看到旁边一个佛弟子非常虔诚地双手合十、默默祈祷，然后气定神闲地拿出一串佛珠，开始念"南无观世音菩萨"，无论飞机再怎么摇摆、人们再怎么惊叫，他面无惧色、毫不慌乱、一心念佛。最后终于化险为夷，飞机安全降落。无神论者怎么也想不通，为什么面对惊险时，我这么慌乱，而他却能如此安详？这件事情对他的触动非常大，他禁不住反思：为什么信仰能够产生超越死亡恐惧的力量？

虔信佛教的人在任何时候都更能够镇定、安详，在危险降临时也不会那么惊慌，因为他心中有依有靠，所以能无惧无畏；因为佛法圆满的智慧让他早已了知生命的真相，所以能坦然面对。没有信仰的人平常看起来似乎天不怕、地不怕，灾难临头时却最容易慌神，拼命想抓住些什么却发现无依无靠，对死后会发生什么也一无所知。人为什么会恐慌，就是因为无知。

现代社会越来越多的心理疾病，恐惧症、焦虑症、强迫症、忧郁症、精神分裂症……所有心理问题的发生都是因为内心中没有精神信仰的缘故。正信的佛教不仅是信仰，更是圆满的智慧，虔信佛法的人通过修持皈依和闻思修行，不仅能治愈心灵的疾患而远离痛苦，而且能恢复心灵本来的光明和力量，获得永恒的快乐和安详。

信仰不是可有可无的闲情逸致，而是救疗我们生命的良药。快乐和痛苦都来自我们的心，而不是外在的物质世界。但是现在的人们成天忙忙碌碌，把力气都花在改善物质生活上，而将精神生活弃掷在一片荒漠里，所以内在的痛苦根本无法消除。在这里，佛陀告诉我们，要想吉祥安乐，就一定要"适时论信仰"。能够树立坚定信仰并追随佛陀修行的人，是最快乐、最吉祥的人。

给大家讲一个小故事。

很多年前有一位学者，一天，他在某大会场向人们宣说佛祖绝对不可能存在。当听众感觉他言之有理时，他便高声向佛祖挑战说："佛祖，假如你果真有灵，请你下来，在这广大的群众面前把我杀死，我们便相信你的存在。"他故意静静地等候了几分钟，当然佛祖没有下来杀死他。他便左顾右盼地向听众说："你们都看见了，佛祖根本不存在！"

这时有一位头裹盘巾的妇人，站起来对他说："先生，你的理论很高明，你是个很有学问的人，我只是一个农村妇人，不能向你反驳什么，只想请你回答我心中的一个问题。我信奉佛教多年以来，因为相信佛陀的慈悲庇佑，心中充满了佛陀给我的安慰，所以十分快乐。因为信奉佛教，我的人生拥有了最大的快乐。请问：假如我死时发现佛陀根本不存在，佛陀所说的轮回也不存在，那我这一辈子信奉佛教损失了什么呢？"

学者想了好一会儿，全场寂静无声，听众们都很认同农村妇人的推理，连学者也惊叹这位村妇好单纯的逻辑。他只好低声回答："女士，我想你一点儿损失也没有。"

"谢谢你的回答。"农村妇人又向学者问道，"我心中还有一个问题：当你死的时候，假如你发现果真有佛，而且也有天堂和地狱，我想请问，你损失了什么？"学者想了许久，竟无言以对。

从这个小故事中你悟到什么了吗？

三十一、自制

佛陀教导我们以"自我控制"来守护诸根、克制贪嗔等诸恶，还要通过精进来克服懒惰懈怠。如此便能舍去烦恼、获得禅定。

"自制"是指一个人对自己的控制和约束，它的功用就在于防非止恶。当罪恶的念头在心中作祟时，自制力是守卫的保护神；当错误的言语即将冲口而出时，自制力是安全的闸门；当损害自他的行为正驶向悬崖时，自制力是及时的刹车；当财色名食睡的诱惑齐来进军时，自制力能一夫当关、万夫莫开；当贪嗔痴慢嫉的毒素腐蚀身心时，自制力是自卫机制和名医良药。也许，自制会让你失去放纵、任性所带来的"自由"，但它却是你人生成功、吉祥的必要条件。

一个人之所以成为强者，不是因为他战胜了别人，而是因为他战胜了自己。宇宙间最至上圆满的佛陀，就是完全战胜了自己的大英雄。包括所有的伟人都是自制力非常强的人，控制自我的能力强是所有成功人士的共同特质，一个人自我控制能力越强，就越能够成功。每个人最大的敌人其实就是自己，如果你完全战胜了自己、彻底调伏了自己，那就天下无敌了。

什么是你真正的敌人？就是你的欲望、嗔恨、嫉妒、傲慢，就是你的恶业、习气、愚痴和烦恼。现在的人都很颠倒，认贼作父、认敌为友，以为自己想干什么就干什么才是自由，殊不知自己已经完全被恶业、习气、贪嗔痴烦恼所掌控，完全被自己的业力所牵引，已经完全失去了自由。当一个人放任自己时，就是将自己完全交给敌人的时候，就是一切痛苦的开始。要想挣脱这些恶业的枷锁，只能靠我们自己去调伏自己的心。我们调伏自己的心有多少分，获得的自由就有多少分，百分百地调伏了自己，就百分百地自由了。比如说我们想发脾气，明知道"一念嗔心起，火烧功德林"，但就是控制不住自己，这时候就是被嗔心恶业所绑缚了，正要将我们拖去痛苦的深渊。这时千万要觉知，千万不要让这脾气"想发就发"，要及时地启动我们的"自制机制"，控制自己的言行，调伏自己的嗔心，这样才能一次次地战胜恶业，获得真正的自由。只有彻底调伏了自己的心，才能得到完全的自由，这是非常重要的观念。

古今中外都有很多人们战胜自我的佳话美谈。"头悬梁、锥刺股"的典故一直激励着莘莘学子们战胜懒惰和懈怠；坐怀不乱的柳下惠、闭门不纳的鲁男子，成为人们克服贪欲诱惑、保持高风亮节的好榜样。

能控制住自己的人，才能掌握自己的命运。一个人越是能够调伏自己的心，就越是能够掌控自己的人生。因为我们的思想、语言和行为每时每刻都在种下决定未来命运的种子，正面种子成熟为吉祥和幸福，负面种子成熟为灾殃和痛苦。如果一个人有能力将自己的身口意控制在正道上，使自己的心念言行都能符合因果规律，那他就是自己命运的主人，他就在缔造自己幸福圆满的人生。如果一个人无法控制自己的身口意，那他就根本无法掌控自己的命运，未来的人生肯定是一塌糊涂、一败涂地。一个放任自流的人，一定会走向堕落，因为他被烦恼所控制，种下的都是负面的因，未来一定会越来越痛苦。

《了凡四训》的作者袁了凡先生明白了"命由我作，福自己求"的道理后，就每天记录功过格，努力断恶修善，成功改造了自己的命运。因为他的榜样，后世的学人很多也以记录功过格来监督、约束自己的行为。一个人如果能时时刻刻保持觉知、时时刻刻掌控自己的身口意，那就绝对有可能掌控自己的未来。记住，放任是痛苦的源泉，"自制"才是吉祥的源泉。

三十二、净生活

在南传佛教中，"净生活"特指禁欲的生活，在家人应该守持"不邪淫"戒，出家人则须戒除一切淫欲。

"净生活"的含义在大、小乘中有所不同。小乘中指的是离欲的梵行，大乘佛教则定义为没有烦恼污染的生活，并且指出清净的生活关键在于清净的心。

与清净相反的就是污染。什么东西会污染我们的心和我们的生活呢？就是烦恼。如果内心没有烦恼，生活就没有污染，就是清净的生活。佛陀在这里告诉我们，去除烦恼的污染，保持清净的生活，是获得吉祥安乐的重要方法。

所谓的烦恼，就是前面讲的"贪、嗔、痴、慢、嫉"五毒。当我们烦恼心起来时，当我们对他人嗔恨、嫉妒、抱怨时，不仅自己会面红耳赤、面目狰狞，也会使对方气愤难平、郁郁不快。这时，不仅自己身体里的细胞分子都变丑了，也让对方身体里的细胞分子都变丑了。这就是被烦恼染污的生活，已经没有了清净，远离了吉祥。

清净的生活会让我们感受到宁静和安详、喜乐和光明，而污染的生活则完全相反。所以我们一定要认清楚贪嗔痴慢嫉的真实面孔，不要让这些毒素侵害我们的心灵、染污我们的生活，要及时启动自制的力量，紧紧守护住身口意三门，不要让这五毒有机可乘。

只要有烦恼的心，我们的生活就是污染的生活。所以，应该从起心动念的苗芽上警觉，及时遏制住贪心、嗔心、愚痴心、傲慢心、嫉妒心。一旦这五种恶心起来，清净就被染污了，所以我们要当好自卫兵，守意如城。

《维摩诘经》里说："心净则国土净。"如果我们的心非常清净，充满了慈悲和智慧，那么所做的事情就一定都是清净的，我们的生活、我们的世界就一定是清净的。所以，"净生活"关键是净心，心不净，生活不可能清净。

这个世界为什么有很多的灾难和不幸、痛苦和烦恼？因为每个人的心里都有问题。在这个轮回的世界，我们每个人都是病人，多多少少都有病——无明的病。每个人内心都充满了迷惑、烦恼、痛苦，每个人都被五毒所缠绕，这个世界怎能不充满痛苦？只要我们的心不清净，这个世界就不会清净。只有让每个人的心都变得纯净美好，这个世界才能变得纯净而美好。

不要说这世界太大，你力不从心，也不要认为世界的事情与你无关。要知道，世界就是你自心的显现，你清净一分，世界就因你而清净一分；世界清净一分，你的快乐就多一分。我们首先要做好自己，当自己的心清净时，就会营造属于自己的清净世界；当家庭中每个成员的心清净时，整个家庭就清净、吉祥；当全公司所有人员的心清净时，整个公司就清净、吉祥；当一个国家所有的人心都清净时，整个国家就清净、吉祥；当这个世界所有众生的心都清净时，世界就是佛的清净刹土。要让世界美好、清净，我们每一个人都是匹夫有责。只有大家都去学习圣贤之道、力行圣贤之道、努力去推广圣贤之道，我们的心才能清净，我们的世界才能清净。

佛法之所以是究竟之法，是因为彻悟了宇宙真相，抓住了问题的根源。一切问题都是心的问题，所有的修行都是要向内求。《六祖坛经》云："善知识，慧能劝善知识归依自性三宝。佛者，觉也。法者，正也。僧者，净也。自心归依觉，邪迷不生，少欲知足，离财离色，名两足尊。自心归依正，念念无邪故，即无爱着，以无爱着，名离欲尊。自心归依净，一切尘劳妄念虽在自性，自性不染着，名众中尊。"真正的皈依是皈依我们自性中本有的觉、正、净。皈依佛就是觉而不迷，皈依法就是正而不邪，皈依僧就是净而不染，这就是真正的皈依三宝。内心中一念觉悟，这就是佛；内心中一念正念，这就是法；内心中一念清净，这就是僧。如果我们每个人都能觉而不迷、正而不邪、净而不染，那这个人间就变成了佛陀的净土。

要想使自心清净，最重要的就是保持觉知和正念。此时，你会了知生命到底是怎么回事，问题到底来自何处。你会清晰地看到，所有的造作都来自自心，痛苦和快乐都是自己制造出来的。心是魔术师，它创造快乐，并且享受快乐；它制造痛苦，然后自作自受。保持觉知并具足正念，会让我们将心导入正途，让它唯造快乐、不造痛苦，那么我们很多的心苦就会自然消失。如此观心、修心，直到有一天我们完全认清了自己心的真相、证悟了心的本性，就能彻底解脱成佛。

　　"一念心清净，莲花处处开。一花一净土，一土一如来。"每个人的世界都是自己创造出来的，净心才能创造"净生活"，才能花开吉祥、花开见佛……

三十三、领悟于圣谛

　　当明白和领悟了苦、集、灭、道四圣谛，我们就迈向了前往涅槃之正道，就能够解脱一切的烦恼和痛苦，因此"领悟于圣谛"是最吉祥的。

　　《吉祥经》是指导我们人生幸福、吉祥如意的一部经典，里面共介绍了三十八个吉祥的方法。前面三十二个方法着重讲的是如何获得世俗世界中的健康、财富、和谐、成功等等的幸福快乐；后面六种方法的内容比较深，是整部《吉祥经》最深奥、最核心的部分，着重讲的是如何获得解脱，如何彻底地消除一切痛苦。

　　佛经论典中把我们眼耳鼻舌身意所能感知的这个轮回世界比作是一个密封罐，我们就如同在这罐子里上下翻飞的蜜蜂，有时飞到高处，有时坠落底部，但始终飞不出这个罐子。就像我们每一个人生命的起落，有时承受着低处的焦虑折磨、痛苦黑暗，有时享受着高处的喜悦快乐、吉祥光明，但无论多么幸福圆满的人生，都不能保证未来不会再次坠入低谷，只要还在这个轮回中，就不能彻底脱离痛苦。罐子里的蜜蜂有没有突破出去的可能？我们有没有超越轮回的可能？肯定的回答是：有！佛法中不仅开示了彻底解脱轮回的方法，而且还有获得和佛陀一样究竟圆满安乐的方法。《妙法莲华经》中说："舍利弗，云何名诸佛世尊唯以一大事因缘故出现于世？诸佛世尊，欲令众生开佛知见使得清净故出现于世，欲示众生佛之知见故出现于世，欲令众生悟佛知见故出现于世，欲令众生入佛知见道故出现于世。舍利弗，是为诸佛以一大事因缘故出现于世。"佛陀出世说法就是为了让一切众生"开、示、悟、入佛之知见"，最终都获得佛的果位。

通过前面三十二个吉祥秘诀的学习，我们掌握了获得轮回中暂时的利益、安乐和吉祥的方法。接下来更重要的是来学习如何彻底解脱痛苦，获得究竟的利益、安乐和吉祥的方法。

首先，第三十三个吉祥秘诀是"领悟于圣谛"。谛就是真理，要想获得究竟圆满的吉祥，首先要领悟哪些真理呢？

关于这句偈，我对照了许多《吉祥经》的译本，发现除了有一个版本是"八正道"之外，其他版本都是"四圣谛"。根据斯里兰卡喜见长老从巴利文翻译的英文《吉祥经》中的原文，也是翻译为四圣谛。在这里把四圣谛与八正道都给大家做一个简单的介绍。

"四圣谛"就是"苦、集、灭、道"四种真谛。智者大师所著《法界次第初门》云："一苦谛，苦以逼恼为义。当知苦是审实而有，故名谛也。二集谛，集以招聚为义。若心与结业相应，未来定能招聚生死之苦，故名为集，即是集谛也。三灭谛，灭以灭无为义。四道谛，道以能通为义，能通涅槃，审实不虚，即名道谛也。"

四圣谛涵盖一切佛法，所有佛法的核心就是四圣谛。四圣谛也是佛法区别于其他宗教、哲学、科学技术、外道以及所有其他学说的不同之处，其他任何学说都没有明确提到四圣谛。所以，佛法是非常了不起的。

四种真理"苦、集、灭、道"里共有两对因果："苦"与"集"是轮回的果和轮回的因；"灭"与"道"是解脱的果和解脱的因。宇宙中的一切因果，都在这两对因果里，或是在轮回的因果里，或是在涅槃的因果里。

佛陀揭示四圣谛的目的是什么呢？就是告诉我们众生痛苦的真正原因是什么。如果不知道真正的苦因，就不可能解脱苦果。就像看病一定要找到生病的真正原因，如果不知道病因在哪里，就没办法对症下药，当然就没办法把病治好。众生在六道轮回里受苦，大家都在寻求离苦得乐的方法。其实，所有的宗教、哲学、现代科学等都在探求解脱痛苦的方法，可是有没有找到呢？我们可以自己去观察。但是，佛教的四圣谛却清晰而透彻地揭示了轮回痛苦的因及解脱轮回的道，并且有无数成就者依照这条道而获得了究竟解脱的真实案例，证实了佛法的真实不虚、殊胜圆满。

在《涅槃经·卷十四》中佛陀说："我昔与汝等，不见四真谛，是故久流转，生死大苦海。若能见四谛，则得断生死，生死既已尽，更不受诸有。"可见，领悟四圣谛是解脱轮回苦海的关要。

下面将四圣谛的含义解释一下。

第一圣谛是苦谛。苦谛是轮回的结果，揭示了轮回痛苦的真相。轮回中的一切，归根到底就是痛苦，可以用三个词来概括：苦苦、变苦和行苦。整个六道轮回一切众生的一切行为，都逃不出这三苦的范畴。

第一种苦是苦苦。比如说：生、老、病、死苦，求不得苦，爱别离苦，不欲临苦，怨憎会苦。这八种痛苦我们每个人都可以直接感受到。孩子出生时个个都是哇哇大哭，而没有哈哈大笑的，为什么？生即是苦，十月胎狱之苦且不必说，即出生之际，通过狭窄生门的痛苦更非言语所可形容，刚脱离母体，外界灼热或寒冷的空气刺激，接生者手掌的触摸及毛巾的包裹等，对于婴儿细嫩的肌肤而言，这些所带来的痛苦较皮鞭抽体有过之而无不及。不仅生的时候众苦逼迫，而且新生命的开始，即是人生众苦的展开，所以婴儿出生时都会哇哇大哭，这就是生苦；当人们年老时，眼睛花了，耳朵聋了，牙齿也掉了，身心都越来越脆弱，老也是苦；每个人都有生病的时候，古人有句话说："病时方知身是苦，健时多为别人忙。"我们生病的时候，才知道做人真痛苦啊！可是健康时却都在为别人忙来忙去，没有真正为自己的生命去修行过一天。等到病苦来临时想修也修不动了，到最后，一口气不来就是"一失人身，万劫难复"。懂得了人身暇满难得的修行人会放下一切去修行，因为无常随时会降临到每个人身上，病苦、死苦随时都可能剥夺你修行解脱的机会。如果我们健康时不好好为自己的解脱而努力，偏要去忙忙碌碌地管别人，其实那都是瞎忙。如果我们自己都还在六道里轮回，怎么能帮助别人解脱痛苦呢？这是不可能的。"自觉方能觉他，自利方能利人。"一个人首先要为自己的人生、为自己的生命负责任，只有自己觉悟了，才能去觉悟他人；只有自己快乐了，才能够帮助别人快乐。作为大乘佛法的修行人，一定要为帮助一切众生解脱而发愿成佛，但首先得要让自己具备解脱的能力。

修行解脱要先从认识轮回痛苦开始，首先要了解人生充满痛苦，除了生老病死苦，还有求不得苦等等。古人云："人生失意十八九，可与人言只二三。"人生得意的事少，失意的事大多数，十件事情里八九件都是失败的，而且这些失败的事情里，很多痛苦都是说不出口的，只能苦在自己心里。"可与人言只二三"，能跟别人诉说的只有一点点，很多都是难以启齿、苦不堪言的。

人生就是这样充满种种痛苦。求不得苦，爱别离苦——任何你喜欢的人、喜欢的东西，总有一天要与你分离，因为人生无常，不是生离就是死别，因缘和合就聚了，因缘了时就散了，无论你再怎么执著也无能为力。还有怨憎会苦，不欲临苦——你不喜欢的人偏偏要和你在一起，所谓"冤家路窄，狭路相逢"，你不想要的东西却偏偏强加于你，有时走起霉运，祸不单行。特别是这个末法时期，各种各样的灾难越来越多了，地震、海啸、旱灾、风灾等等，这就是苦苦。

第二种苦是变苦。变苦也叫坏苦，看上去是快乐的，后来却变了、坏了，成了痛苦。轮回中的任何快乐都是无常的，只能快乐一段时间，不可能永远快乐，乐着乐着就会变成痛苦。娑婆世界里的快乐其实都不是真正的快乐，都有副作用，都会变成痛苦。如果没有仔细观察，会误以为是快乐，但是仔细观察的话就会明白，轮回中所有的快乐都是一种痛苦。

举个例子，我们今天享受美味佳肴，很快乐啊，多吃点。但是吃撑了肚子痛、吃坏了还生病、吃过量了又怕胖，享受美食的快乐到后面又变成痛苦了。这就是变苦。

又比如我们今天到花园去散步，也很快乐啊，多走走。但走多了以后脚就酸了、就痛苦了，这时如果有个凳子能坐下来就很快乐。但是让你坐三个小时，马上就感到坐在这里是很痛苦的，站起来走走路是很快乐的。所以，这些所谓的快乐都是假象，娑婆世界所有的快乐其实本质就是痛苦。如果它的本质是快乐，那就应该时间越长越快乐才对，因为快乐加快乐应该会更快乐。如果一分钟是一份快乐，那么两分钟就是两份快乐、三分钟就是三份快乐、一百分钟就是一百份快乐才对，它不应该会变成痛苦。但问题是，我们坐二十分钟觉得很舒服，坐三十分钟腿就开始乏了，坐到一个小时就腰酸背痛，坐两个小时就痛苦难耐了。这说明它本质上就不是快乐，其实都是一种变苦。为什么说轮回的本质就是痛苦？你去观察好了，任何事情都是这样，所有的快乐都有它的对立面、都有它的副作用。有钱好不好？钱多了也会痛苦；有车好不好？塞车了、撞车了、油价涨了，你就痛苦了。所以，佛陀告诉我们，轮回里所谓的快乐不是真正的快乐，而是一种痛苦，就叫变苦。

第三种是行苦。行苦就是一切的事物都是在不断地迁变，一切都是无常变化的。《大般涅槃经》是这样说的："诸行无常，是生灭法。"所有的物质世界都有成、住、坏、空的过程，所有的生命都要走过生、老、病、死。宇宙间任何的情器世界，无论有情的还是无情的，没有一样东西不在无常和消逝中。这就说明，到最后一定是痛苦，因为你总是要失去的，没有一样东西是永恒存在的，所以，最终结果一定是痛苦，这就叫行苦。

苦苦主要是在欲界，变苦主要是在色界，行苦主要是在无色界。三界对应于三苦。所以整个三界六道轮回，它的本质除了痛苦没有其他的东西，这就是苦谛。

痛苦是轮回的结果，轮回中每个人得到的结果除了痛苦没有其他。

众生为什么会在轮回中得到痛苦的结果呢？是有原因的，任何的果都有其因。佛法对于任何事物都有精确的分析，都可以通过逻辑推理来成立，是非常讲道理的。而且，佛法还是非常积极的，不仅客观地揭示问题，同时还告诉了我们解决问题的方法。

第二圣谛就是讲轮回痛苦的因，就是集谛，积集很多烦恼的意思。集谛的原因是什么呢？就是迷惑。佛经里告诉我们"因惑造业，因业受苦"。众生因为内心迷惑所以烦恼、所以会去造下恶业；因为造下种种的恶业，所以感受痛苦。这就是轮回的本源——"因惑造业，因业受苦。"由此可知，轮回的真正原因就是迷惑，在佛经里有一个专门的术语称作"无明"，详细讲的话就是"十二因缘"。

无明表现在哪里呢？具体地来讲表现在"我执"：误认为有个"我"，误认为有个"世界"，所以为了"我"而造业，因为造业而感受痛苦。这就是苦谛和集谛，就是轮回的果和轮回的因。

那么如何消除痛苦呢？就是后面的两谛：灭谛和道谛。佛陀是宇宙间彻悟一切的遍知者，不仅了知轮回痛苦的原因是什么，而且知道消除痛苦、解脱轮回的方法。

首先，佛陀肯定地告诉我们，所有的烦恼和痛苦都是可以被彻底根除和消灭的，这就是灭谛。当我们灭除一切的痛苦时，当所有的痛苦全部止息，从此再也不会产生时，我们就获得了解脱、获得了涅槃。灭谛是一个结果，它的因是什么？怎样才能够到达灭谛？就是要去修行道谛。

灭谛是解脱的果，道谛是解脱的因。"道"就是道路的意思，就是指我们通往涅槃的道路，一般来说是八正道，但亦可约可广，约则归纳为戒定慧三无漏学，广则演绎为三十七道品。

现在先说八正道。

道即道路、途径、方法。不邪谓之正，通达无阻谓之道。正道者，可令众生断集离苦，达于涅槃的圣者境界。涅槃，用一句最简单的话来描述就是：痛苦的止息。真正的涅槃，就是痛苦彻底地停止了，而不是暂时地停止。

如何达到涅槃呢？一共有八种方法和途径，这就是八正道。八正道亦称八圣道，此八圣道是：

一、正见：正确的知见。世间法的有漏正见，即是因果正见；出世间法的无漏正见，是苦集灭道四圣谛之理，知苦断集，慕灭修道。

二、正思惟：正确的思惟。一般人的思惟，多由妄念而起，修道者既见四谛真理，当以正智发动思惟，使真智增长，断除迷惑。正思惟就是按照四圣谛的真理进行思惟。如果违背四圣谛的就不叫正思惟。修行佛法的人是不是什么都不想？不是的。修行佛法的人也要思惟，但是不能乱思惟，不能妄想、乱想，要按佛法的正见去想，去除贪嗔痴。

三、正语：正直的言语。凡是符合佛陀的教导，远离妄语、绮语、两舌、恶口，并为众生宣讲觉悟的真理，这样的语言就是正语。

四、正业：正确的行为。就是符合佛陀教导的行为，远离十恶业，不染三毒，修十善业，并积极行持弘法利生的事业，谓之正业。

五、正命：正当的职业。"命"谓赖以活命的生计。正命就是以符合佛陀教导的正当方式而生活。出家人当离五邪命——诈现异相，自说功德，占相吉凶，高声现威，说得供养。对在家居士而言，所从事的工作不能够有负面的因，要以正当职业谋求生活，坚决不贩卖人口、不贩卖毒药、不贩卖武器、不贩卖麻醉物（烟酒之类）以及不饲养牲畜和贩卖肉类。这五种属于邪命或邪生计。还有凡是涉及杀生、偷盗、邪淫、妄语、饮酒类的行业，都不能从事。我们的工作离开这些不正当的行为，就是正命。

六、正精进：正确的努力。精进，是非常努力的意思。正，则是朝着一个正确的方向努力。没有智慧的精进不一定是件好事，如果朝着相反的方向精进，那就会堕落得很快。比如有些人搓麻将很精进，日以继夜，废寝忘食，这种人也是蛮多的，他们也很精进，但是这个不叫正精进，因为方向反了。正精进是朝着涅槃的方向努力修行，为了烦恼的止息而努力修行；正精进是符合正见、在四圣谛的指导下的精进；正精进是精进地闻思修行佛法，并发愿：已生恶法令断，未生恶法令不起，未生善法令生，已生善法令增长。正精进即向出世之法、涅槃之道加紧前进。正精进还须注意的是：不从事徒苦身心的苦行及外道不究竟之法。

七、正念：即观身、受、心、法四者或观诸法的实相。念从心起，心不离道，惟念真如实相或功德相好，称为正念。得正念，则与菩提相应。

八、正定：是正禅定。远离不定、邪定及有漏禅定，以真智入于无漏清净禅定，谓之正定。"定"有三种：正定，邪定，不定。如果修习的禅定符合四圣谛的真理就是正定，如果违背四圣谛的真理所修习的定就叫邪定。很多外道禅定的功夫也是非常厉害的，可以入定很多天不吃不喝，但是他们没有四圣谛来摄持，所以这个禅定没有意义，不是说坐得时间久就一定能解脱，关键是要有正见。第三个是不定，不定就是一般的凡夫，心猿意马，心定不下来。这三种定中我们要学习的就是正定，通过四圣谛的方法来修习禅定，最后断除烦恼，获得无漏涅槃的境界。

以上八正道又可归纳为"戒、定、慧"三学：正语、正命和正业属于戒学；正见、正思惟属于慧学；正念、正定属于定学。

正精进一般都归于定学，但是也有一种说法是把正精进归于三学，也就是说戒、定、慧都需要精进才能成就。

四圣谛中道谛的仔细开展则为三十七道品，是趋向解脱、获得证悟的道路。简单地说，三十七道品包括四念住、四正勤、四神足、五根、五力、七菩提分、八正道。

"领悟于圣谛"是我们彻底解脱痛苦、超越生死轮回的根本方法，是我们在追求幸福吉祥的道路上一个最重要的里程碑。从"领悟于圣谛"开始，就正式踏上了解脱的大道；从"领悟于圣谛"开始，我们所拥有世间暂时的吉祥幸福将会变成出世间究竟的吉祥幸福，最终将获得和佛陀一样圆满、永恒的安乐。

三十四、实证涅槃法

在南传佛教中，"实证涅槃法"指的就是证得阿罗汉果。

通过"领悟于圣谛"，我们了解了"苦就是轮回的果，集就是轮回的因，灭就是解脱的果，道就是解脱的因"这四个真谛。其实，一切的佛法都是在诠释这四圣谛，四圣谛是所有佛法的核心，也是佛法与其他的宗教、外道、哲学及所有科学技术不同的地方。在这茫茫宇宙中，唯有佛法找到了这条究竟离苦得乐、彻底解脱轮回、达至圆满佛果的道路，所以，佛法是最殊胜、最圆满、最究竟的法。

"领悟于圣谛"的目的是什么？就是解脱，就是接下来第三十四个吉祥如意的秘诀——"实证涅槃法"。如何达到灭谛、获得涅槃？关键就是要了解道谛、实践道谛。道谛就是获得解脱的具体方法。

涅槃并非一般人认为的死亡，而是指断尽烦恼、远离生死、觉悟万法真谛、安住于无为寂灭的大乐境界。《涅槃经》说："灭诸烦恼，名为涅槃。离诸有者，乃为涅槃。"《贤首心经略疏》曰："涅槃，此云圆寂。谓德无不备称圆，障无不尽名寂。"

通往涅槃的道路，就是四圣谛中的道谛。简单来讲，三个步骤就可以到达涅槃，这就是《慧灯之光》所说的"道谛包含了出离心、菩提心和空性（即证悟空性的智慧）"。

第一步就是生起出离心。

说起出离心，很多学佛的人都会说："不就是看破放下嘛！"可是真正面对轮回世界中的种种境遇时，就怎么也看不破、放不下了。如果内心没有生起真实而稳固的出离心的话，"看破放下"就成了一句空洞无力的口头禅。

要生起真实无伪的出离心，首先就要了解轮回的真相。轮回中所有的一切都是无常的，所有一切事物的本质就是痛苦，这就是我们所生活的这个娑婆世界、这个轮回的本质真相。我们一定要明白，就算再幸福、再圆满，也一定会结束的。位子再高也一定会下来，身体再好也一定会死亡，财富再丰足也一定会散尽，夫妻再恩爱也一定会离别。这世界的万事万物都在咏唱"无常的道歌"，生际必死，高际必堕，积际必尽，堆际必倒，合久必分，人们所执著的亲怨、苦乐、贤劣等分别念也都是无常的。

在这世间，没有一样东西会让你永恒地保有，再幸福、再圆满也一定会结束，而且越是幸福圆满，结束的时候就越是痛苦。比起两袖清风、了无牵挂的人来说，拥有很多世间幸福的人更怕面对死亡。庞大的家产还没享用完，可爱的妻儿更是难舍难分，但是无论你多么放不下，你都得两手空空、形单影只地踏上未知的前路。所以越是拥有的多，放不下的就越多，失去时就越痛苦。人生啊，好事不一定是好事，坏事不一定是坏事，幸福圆满不一定是好事，痛苦也不一定是坏事。

万事万物都有无穷潜在的可能性，好事可能变坏事，坏事可能变好事。我们的人生不论幸福也好，不幸福也好，其实并不重要，因为都是无常的。幸福是无常的，它总是要过去的、总是要结束的；不幸福也是无常的，也是要过去的，也是要结束的。一句话：什么事都会过去的。你的快乐会过去的，所以不需要得意忘形，往往乐极就会生悲；你的痛苦也会过去的，所以也不需要痛不欲生，往往苦尽就会甘来。对轮回中所有这些虚无缥缈、变化无常的感受，尊卑也好、穷富也好、苦乐也好、贤劣也好……我们都要看破它们无常的本质，根本不需要去执著。

对现世当中所有的快乐和痛苦都要有这样一种观念：一切都是无常的。所以任何东西都不能执著，因为你执著了也没用，它终归会无常的。你的执著并不能改变它的无常，只能让自己更痛苦，所以，你要接受一切都是无常的事实。只有我们内心当中看清了无常的真相，才会非常平静地去对待一切的快乐和痛苦。

有个非常经典的故事：日本有一个非常聪明的和尚叫一休，一休的师父是一位老和尚，他有一件非常珍贵的瓷器，锁在柜子里，不让弟子们看。

有一天，师父出门去了，一休就跟他的大师兄说："师父这个宝贝到底是什么？我们趁他不在时把这个宝贝拿出来看看吧！"

于是两个人偷偷摸摸把这个瓷器拿出来看，没想到大师兄一失手，把瓷器给打碎了，这下可糟了。大师兄吓得嚎啕大哭，"完了，这下完了，师父回来肯定要惩罚我的。"

一休就说："师兄别哭，这样吧，中午饭你那个馒头给我吃，这个瓷器就算是我打破的，怎么样？"

师兄说："太好了，太好了，馒头给你吃了，就算是你打破的，不要说是我打破的噢！"

一休就把这个馒头吃了，坐在师父房间里，用一块布把碎瓷器包起来，放在屁股后面，就开始打坐。

师父回来一看：嗯？一休怎么在这儿打坐呢？

师父问："一休，你在干什么？"

一休说："我正在参禅。"

师父问："你在参什么？"

他说："我正在参这个世界上有没有人会永远不死呢？"

师父就说："你太愚痴了，佛陀告诉我们'诸行无常'。没有一个人会不死的，每个人都要死的。"

"哦，知道了。"一休挠了挠头又问，"师父，那这个世界上有没有一样东西是永远不会坏的呢？"

师父说："这也是不可能的，所有东西都一定会坏的，无常的因缘到了就会坏了。"

然后一休说："师父，这里有一件东西无常了……"

一休的小聪明里可是蕴含着大智慧啊！一切的事物都是因缘暂时聚合的产物，因灭缘散的时候就会消亡。如果我们有这样因果的正念、无常的正念，就会对现世生活中的一切坦然接受；如

果没有因果和无常的正念，就很容易看不开、放不下，产生种种
的痛苦，甚至陷入心理疾患中难以自拔。

无常的正念可以帮助我们消除痛苦，如果一个人能时时刻刻
提起无常的正念，就会以平常心来看待所有的得失、是非。他知
道一切皆有因缘、知道一切都会过去，所以对任何事都不会非常
地执著，因此就不会有烦恼了。

人的痛苦来自哪里？固执、执著。执著不放就是痛苦。如果
我们知道一切诸法都是无常的，真正地看到了所有事物的真相都
是无常，我们就能够接受任何的事实。所以大家以后打破东西时
知道该怎么做了吧？学学一休的智慧。

出离心就是对轮回当中所有的事情不执著、不贪恋，出离心
来自于看破了轮回的真相。佛经中所阐释的"人身难得，寿命无
常，因果不虚，轮回痛苦"等，都能帮助我们看清轮回的真相，
从而生起真实稳固的出离心。有了出离心，就会放下执著，就能
消除很多的痛苦。

但是，很多人对出离心有误解，认为出离心是消极可悲的，
以为什么都不要了，苦哈哈的就是出离心。其实，出离心不是让
我们厌弃金钱，而是让我们放下对金钱的执著，只有对金钱不贪
不着，金钱才不会令我们痛苦；出离心不是让我们抛妻弃子，而
是让我们放下对亲眷的贪恋。只有看清了因缘聚散、亲怨无常的
真相，才能在聚会时更珍惜、分散时更释然。

并不是说我们摒弃一切的健康、财富、亲友、势力，过成
"一穷二白、孤家寡人"的才表示有出离心。出离心不在形式而

在于内心，重要的是内心的不贪、不嗔、不执著。我们可以拥有财富，也可以甘守贫寒，只要内心看破财富的真相而不起执著，就可以在任何富有和清贫中安然自得。今天有条件住在别墅里，也可以安心享受，只要我们内心了知一切无常而不起贪着；明天破产了、地震了，要住在土房里、帐篷里了，也能够坦然接受，因为我们有无常的正念、因果的正念，知道轮回本来就是痛苦。

所以，出离心的"看破放下"不是一种消极和悲观，而是更高的积极和智慧。对轮回的真相了了分明，然后以正确的态度去面对它，就好像掌握了解题的方法，对轮回中一切烦扰的难题都能解开，这就是出离心能消除痛苦的原因。而且出离心的"不贪不着"恰恰是能够带来富足的因，所以出离心又能带来更多的吉祥。一个人有了出离心以后，大部分的烦恼都可以消除，可以感受到很多的自在和快乐。但是，这还不够，还不是完全的、真正的解脱，因为他还是在轮回里。

真正的出离心不仅要了知一切诸法无常，知道世间所有一切都不可靠，无论今天是幸福还是不幸，最后都要结束，所以享受幸福但不起贪恋的执著，感受不幸但不起痛苦的执著；同时我们还要了知轮回里所有一切都离不开虚幻的本质、痛苦的本质，而可以用来修行的人身又是那么的难得、那么的无常。所以我们一心渴望冲出轮回的牢笼，到达解脱的彼岸，这就是出离心。对轮回的一切毫无贪着，并且猛厉希求解脱轮回的心，就是真正的出离心。

出离心是我们趋向解脱、获得涅槃的道谛中的第一个步骤。

走出了这一步，就是真正地踏上了解脱的大道，但并不是已经解脱了，因为我们的"我执"还没有破除。只要这个"我执"的迷惑还在，就会不停地种下轮回的因，轮回就没有止境。所以我们必须还要继续走完道谛的第二个步骤和第三个步骤。

第二个步骤是发起菩提心。

菩提心就是我们为了一切众生都能解脱成佛而发愿解脱成佛。这里面有两层含义：第一，我们知道了轮回的痛苦、佛果的圆满而希望一切众生都能解脱轮回、成就佛果；第二，只有自己解脱成佛了，才能最好地帮助众生，所以我们发愿要解脱成佛。

有了真实无伪的出离心，你就是在追求解脱了，但还是以自我为中心地只是想着"我"要解脱。菩提心是要你把心量打开，把集中在自己身上的注意力焦点转移到一切众生身上，更多地为他人着想，这样，你的烦恼痛苦就会更少。因为越是以自我为中心就越是痛苦，如果我们能够把心扩大，去想着更多的人，我们的痛苦就会大大减少。

寂天菩萨《入菩萨行论》中说："尽世所有乐，悉从利他生，尽世所有苦，皆从自利起。"这个世界上所有的快乐都来自希望别人快乐，这个世界上所有的痛苦都来自只希望自己快乐。

有这样一个故事，有个女孩子碰到烦恼的事情，非常痛苦，就去找她的师父诉说。师父没有直接告诉她去除烦恼的方法，而是让她拿一只碗到门口的湖里去舀来一碗水，然后又让她到厨房去抓了一把盐来放在这碗水里。然后，师父把这碗水递给女孩说："你先喝一口。"

女孩喝了一口连连吐舌："哇，又苦又咸！"

这时，师父说："你现在再去抓一把盐放在湖里面，然后从湖里舀一口水来喝。"

女孩如是去做了，当然，一把盐放在湖里，哪里会有什么味道。女孩告诉师父说："师父，我喝了，什么味道都没有。"

于是师父就引导她说："你现在知道该怎么做了吧？就是要把心量扩大，你不要成为一碗水，而要变成一个湖。因为你的心量太小了，所以一点点痛苦就觉得受不了。如果你把心量放大，一点点痛苦放在里面，就根本不算什么了。"

韩国电视连续剧《商道》里也有类似的一个情节：湾商都房洪德柱的女儿美今小姐因为失恋而痛苦抑郁，洪德柱就让女儿带着大米等生活用品去慰问湾商出差在外杂工的家属们。美今小姐走出自己的世界，去关心那些社会底层的普通家庭时，自己的心灵创伤也得到了治疗。

心量越大的人，痛苦越小；心量越小的人，痛苦越大。我们为什么要发菩提心？为什么要"为往圣继绝学，为万世开太平"？为什么要"先天下之忧而忧，后天下之乐而乐"？因为这就是快乐的根本。当我们把心量扩大到能包容一切众生的时候，痛苦就没有了，就像一把盐撒到湖里面，还会咸吗？

发起菩提心就是要消除以自我为中心，把心量放大、扩展到一切众生身上。菩提心是希望一切众生都能够解脱成佛，而不是我一个人解脱成佛。生起出离心就好比一个人从轮回迷梦中正在觉醒，觉知到整个轮回就是一场痛苦不堪的噩梦而希望醒过来、

249

解脱出来；而菩提心则是这个人同时还看到所有众生都在噩梦中迷惑挣扎，而希望所有众生都能觉醒、解脱，并且回归原本清净圆满的佛性。

我不贪恋世间，我要解脱，这叫出离心。菩提心是希望一切众生都解脱成佛，所以我要努力修行成佛，这是道谛的第二步。

生起真实无伪的菩提心就能去除更多的痛苦，获得更多的快乐。但还是不能彻底解脱，因为还没有彻底破除"我执"、证到"无我"的空性，所以轮回的根还没有断除。

第三步就是证悟空性。

当我们证悟人和法（一切事物）的本质都是空性时，那么轮回的根本——"我执"就会被彻底断除。

我执有两种：人我执，法我执。人我执就是认为有一个"我"的存在，法我执就是认为这世间宇宙万物都是存在的。

相对应这两种我执，所证悟的空性也有两种：一种是人无我的空性，一种是法无我的空性。证悟了人无我的空性，就证得阿罗汉的果位，就不会再轮回了；而彻底证得法无我空性时，就能够成就无上菩提佛果。

证悟空性有两种方法：一种是显宗的方法，通过我们学习道理，慢慢地、不断地修行，最快需要三大阿僧祇劫才能够成佛。

阿僧祇是一个天文数字。《大乘无量寿经白话解》中说："劫是多长的时间？每个边都有四十里的一块大石头，几百年天人下来一次，用身披的轻纱，在石头上轻轻拂一下，直到把这个石头完全磨得没有了就是一劫。"

《佛学常见辞汇》中如此解释三大阿僧祇劫："菩萨成佛的时间。阿僧祇劫，华译无数长时。菩萨的阶位，一共有五十位，十信十住十行十回向之四十位，为第一阿僧祇劫；十地之中，自初地至第七地，为第二阿僧祇劫；自八地至十地，为第三阿僧祇劫。第十地过后，即证佛果。劫有大中小三种，这里所说的劫是指大劫，故曰三大阿僧祇劫。一个阿僧祇劫的年数，若以万万为亿，万亿为一兆来计算，一阿僧祇劫等于一千万万万万万万万万万兆大劫。"

按显宗的方法成佛，最快需要三大阿僧祇劫的时间。

第二种是金刚乘的方法，金刚乘又叫密宗，是一种比较快速的方法。

《慧灯之光》中是这样介绍显密之差别的：

"显宗的成佛，最快也要三个无数大劫，梵文称之为阿僧祇劫，阿僧祇是一个天文数字，表示六十位数。六十位数是个什么样的概念，大家可以想想。劫是一个计量单位，如果用人间的年、月、日来计量，那是非常漫长的。至于三个无数大劫，那更是难以想象了，可见显宗的成佛是很艰难、很遥远的。密宗的成佛就很快了，因为密宗认为众生本身就是佛。只是有了无明，才覆盖了本有的佛性，所以感觉不到自己是佛。当把无明推翻以后，本来面目就会显露出来，所以不需要很长的时间。在这一点上，密宗的确是给了我们很大的鼓舞、动力和勇气。"

"在显宗的经典中，认为成佛的道路极其遥远，要经过三个阿僧祇劫，也就是三个无数大劫，那是超越常人的思维，是极为漫长的时间。但密宗却认为，心的本性就是佛，我们与佛并没有距离。只要进入那种状态，佛与众生当下融为一体。所以，从密宗的角度而言，佛与众生仅隔着一道窗帘，修习的方法也极为方便迅捷，拉开窗帘，即可成佛。所以，成佛并不是遥不可及的事，而是近在眼前、指日可待的。这就是密宗，特别是大圆满的殊胜之处。"

第一种显宗的方法速度比较慢，如同爬楼梯，一层楼，两层楼，三层楼，四层楼，一直到一百层楼，你要慢慢爬。

第二种密宗金刚乘的方法是什么？就是坐电梯。

走楼梯，每个人眼睛都可以看得见，没有什么秘密的，一步步上去，这就是显宗的方法。密宗就像坐电梯一样。这个电梯什么结构你知道吗？不知道。这个电梯怎么造出来的你知道吗？不知道。但是你只要懂得用就可以了。我们大多数人都不知道电梯是怎么造出来的，也不知道电梯的结构是什么样的，但是不妨碍我们乘电梯从一楼到一百楼。我们不需要知道电梯是怎么造的，但是我们可以直接使用，直接去用它最后的结果就好了。密宗也是这样，是直接得到结果的方法。

我们念"唵嘛呢巴美吽"（观音心咒）时，知道这句话什么意思吗？不知道，但是不知道也无妨。就像我们打电话一样，你只要把电话号码记住，然后拨打，电话就通了。现在科技发达，对密法的理解是很有帮助的。比如数码相机、手机都可以拍照片，我们不需要知道它们是怎么造的，只要买来使用就可以了。密宗就是这样，直接得到结果，中间过程全都省略了。

显宗就像爬楼梯，最终也能爬到顶楼，但是你得始终睁大眼睛看清每一个台阶，还要有足够的体力和努力，持之以恒地爬到底。修行显宗就是有这样的两个要求：第一，要有智慧；第二，要勇猛精进。你要非常有智慧，才能理解里面所有的道理，然后，还要努力不懈地一步步前进。从初发心到最后成佛需要三大阿僧祇劫，没有勇猛精进肯定是坚持不下去的。

密宗金刚乘对智慧与精进的要求不高，但是，密宗却有一个非常重要的关键，那就是信心。如同使用手机一样，你根本不用自己制造，直接买来用就好了。电梯也是一样，你只要走进去搭乘就好了。但是，你需要相信，相信它，你才会用它。然而，人最难的就是"相信"两个字。

有一个笑话：有位从深山里来的老爷爷，走到一个高楼大厦的电梯门口，人家都进去，他不敢进去，为什么呢？因为他很害怕。他在外面看了又看、想了又想，觉得这个东西真是太奇怪了，这么小的一间房子，上面也没有孔，下面也没有孔，但所有人进去后，都会发生变化。你看这个小姑娘进去，出来一个老太太，老太太进去，出来一个小伙子。这么一个小房子，就像变戏法一样，自己进去以后还不知道会变成什么，多可怕啊！坚决不能进去，于是这位老爷爷就转去爬楼梯了。所以，坐电梯是需要有信心的，没有信心也是不敢坐的。

密宗金刚乘也是这样，看起来是很不可思议的，但是，如果我们有信心，成就速度是非常快的。因为密宗是果乘，直接享用结果；而显宗是因乘，要从因地一步步修上去。

又比如说你要去北京，也有两种方法：一种是你自己把地图搞清楚，然后拿个指南针慢慢循着路线走。把地图搞清楚，一路上不迷路，需要有智慧，长途跋涉走到北京，还要勇猛精进，不精进你肯定走不到，这就是显宗。显宗就是要有智慧、要勇猛精进、要努力；另一种是密宗的方法——乘飞机，买一张到北京的机票，然后坐上飞机睡一觉，马上就到了。

密宗金刚乘的特点就是速度快、效果好，但是有两个关键要素必须具备：第一，要依靠信心；第二，要有很大的福报。

你要有信心，相信飞机这个现代化的交通工具能够帮助你迅速到达目的地；还要有福报，你要有钱买机票。

福报非常重要，没有福报你坐不上电梯、买不了手机、乘不起飞机，没有福报你可能一辈子都没听说过什么是电梯、手机、飞机。遇到金刚乘、修行金刚乘都是要有大福报的，没有福报根本听不到，没有信心根本接受不了。如果你能够听得到，说明你有福报；听了以后你能接受，说明你有信心。有福报、有信心的人，就是坐飞机的人，很快就可以到达目的地。

没有福报的人根本没办法得到金刚乘、修行金刚乘，金刚乘对一个人的福报特别有要求。当然我们不能片面地把福报理解为有钱，福报是一个人累积正面种子、清除负面种子的综合指数。因此，断恶行善的贤良人格不仅是获得世间吉祥的根本，也是获得出世间证悟的重要基础。金刚乘中还有很多专门净除罪障、积累福智资粮的修法，可以快速地增上修行人的福报，积集成佛的资粮。

修行金刚乘能快速成佛，甚至即身就能成就。对金刚乘的修行人最大的要求，不是智慧也不是努力，最重要的就是信心和福报，这就是金刚乘的特点。大家可以自己选择，喜欢走楼梯的走楼梯，喜欢坐电梯的坐电梯。

因为佛的境界非常深奥，作为直接享用佛果的果乘——密宗金刚乘的理论与方法也非常深奥。在这里只是做一些简单的比喻，还不能够完全把其中深奥的道理说得很明白，但是大家可以通过这些比喻慢慢来理解显宗与密宗的区别。

一般人谈到密宗，就认为那主要是西藏的教法，似乎汉地除了唐密外，就没有密宗的法门了。其实，藏传佛教和汉传佛教都具备显宗和密宗教法。藏传佛教在密宗教法方面很丰富，在显宗方面的教法也很完备，各个寺院都有完备的显宗课程。有些宗派甚至规定要在显宗的修学有了相当的基础，经过严格的考试合格后，才能开始学习密宗。而汉传佛教方面，除了唐密外，密宗的很多见地与修法都已经被其他一些宗派所涵摄。比如汉地最有名的禅宗，无论从其见地还是修法来看，都有着明显的密宗的痕迹。况且禅宗极为提倡一生中获得"顿悟成佛"，这也显示了禅宗成就的速度是非常快的，完全能和藏密修法相媲美，并不能算是纯粹的显宗。又比如天台宗，把整个佛法的见地判为藏、通、别、圆四教，而其中圆教的见地和藏地流行的最高密法大手印、大圆满等，几乎是一样的。而圆教的修法，也与大手印、大圆满等有许多共同之处。日本天台宗开祖传教大师最澄还很明确地提出了"圆（天台圆教）密（真言密法）一致"的观点。

所以，就见地、修法及成就的速度来看，汉地的很多教法，如禅宗、天台宗、华严宗等，都不仅仅是显宗的教法，也包含了密宗的内容。

这就是道谛——获证涅槃的方法，总的过程就是出离心、菩提心与空性见。生起出离心、发起菩提心之后，一定要证悟"人无我"和"法无我"的空性才能最终成佛。获得证悟的方法有两种——显宗和密宗。

大乘显宗主要是通过学习经论，然后自己慢慢观修，学一点修一点。经过三大阿僧祇劫，生生世世不断地去修，到最后有一天突然开悟，就登初地了，一个阿僧祇劫就过去了；然后，初地到八地，又一个阿僧祇劫；八地到成佛，又一个阿僧祇劫。一共三大阿僧祇劫。

金刚乘则主要是靠他力——依靠善知识的加持证悟空性，而不是靠自己悟出空性。在金刚乘里，当你真正对善知识具足信心时，善知识就可以通过加持力和窍诀，让你在现世当中马上就体悟到空性。

打个比喻，空性好比咖啡的味道一样，显宗就是慢慢想空性是什么。就像一个人从来没喝过咖啡，学着说明书上说的：这个咖啡有点苦、有点香、有点甜，然后就开始想象：怎么个香法，怎么个苦法，怎么个甜法？不过再怎么想也是难以想象的。这就好比是显宗，要一个阿僧祇劫才能真正体悟到什么是空性；密宗金刚乘就好比是善知识把咖啡煮好了，直接给你喝一口，那你马上就明白了咖啡是什么味道。所以，金刚乘是直接让你体验到空性，让你现世中就获得证悟，获得解脱。

所以，金刚乘主要靠的是他力，而不仅仅是自己的努力。主要是靠诸佛菩萨、传承祖师、具德善知识的加持力，这是非常重要的。

当然，金刚乘的动机也是非常重要的，没有前面两个步骤——生起出离心和发起菩提心，是不可能进入第三个步骤——证悟空性的。我们修行金刚乘的发心绝不是为了自己的快乐，我们希求快速成佛也不是因为怕苦、偷懒和讨巧，而是为了能更快地具足圆满的智悲力，去帮助一切父母众生解脱成佛！

"领悟于圣谛，实证涅槃法"，就是通过领悟四圣谛了解所有佛法的核心，然后力行八正道，并通过实践道谛修行出离心、菩提心、空性见。最后彻底证悟空性、息灭所有烦恼时，就证得涅槃了。

"实证涅槃法，是为最吉祥"，所有烦恼的根源全部地、彻底地根除了，当然这就是究竟的、圆满的吉祥了。

🪷 三十五、八风不动心

在阿罗汉的境界中，不再会为"利、衰、毁、誉、称、讥、苦、乐"的世间八法所动摇，会保持平静而不受任何世间无常变化现象的摆布，这是最吉祥的事情。

前面佛陀为我们开示了四圣谛、八正道及获得证悟、解脱成佛的方法，下面的四个吉祥秘诀——"八风不动心""无忧""无污染""宁静无烦恼"，讲的都是一个人彻底证悟、获得涅槃后的状态。证悟的境界犹如深秋万里无云的天空，不会再有一丝烦恼，所以是最究竟的吉祥。但这种境界是凡夫可望而不可即的，只有通过实修实证，真正了达了空性的圣者，才能亲身享受到这种快乐和吉祥。

我们先来看第三十五个吉祥"八风不动心"，在有些《吉祥经》的版本中，这句话又被译为"虽触诸世间，其心不动摇"，指的是虽然身涉世间法，但心依然清净平和，不为之所动。

"八风"，又叫"世间八法"。佛在《增壹阿含经》《思益梵天所问经》等多部经中有讲，大成就者金厄瓦罗珠加参尊者在《开启修心门扉》中也详细剖析、呵斥了世间煽惑人心的这八件事：利、衰、毁、誉、称、讥、苦、乐。

　　阿底峡尊者是印度最伟大的祖师之一，他教导弟子说："有八件事情让人软弱。"指的也是这世间八法：希望得到利益，不希望受到衰损；希望声名远播，不希望默默无闻或臭名远扬；希望受到称颂赞美，不希望受到批评讥讽；希望快乐，不希望痛苦。这八种患得患失的心态，是我们极易落入的八种陷阱。

　　"八风"就是对我好的与对我不好的两种境遇，总的来说，就是人生中的顺境和逆境。顺境分成四种：利、誉、称、乐；逆境分成四种：衰、毁、讥、苦。无论在顺境中或在逆境中，我们的心都应该如平静的海面般如如不动，如果风一吹，浪就打，那就免不了痛苦与不安。

　　但是，真正要做到"八风不动心"，则必须要证悟空性。如果证悟了空性，八风就吹不动了，无论是面对得到或失去、美誉或毁谤、称赞或讥讽、快乐或痛苦，我们都不会动心。

　　"八风不动心"是用以修心的准则，也是了达空性后自然就会出现的一种境界，是最宁静、安乐、吉祥的状态。

　　关于"八风不动心"，还有个有趣的故事。

　　传说宋朝苏东坡在瓜州任职时，与一江之隔的金山寺的住持佛印禅师交往笃深，他们常在一起谈禅论道。

　　有一天，苏东坡写了一首诗，遣书僮送过江。"稽首天中天，毫光照大千。八风吹不动，端坐紫金莲。"诗的意思是说：我的心已经不再受外在世界的诱惑了，人世间的称、讥、毁、誉、利、衰、苦、乐八种境况已经动不了我的心，我就好比佛陀端坐在莲花座上。苏东坡自以为修行境界已经很高了，就想向佛印禅师展现一下。

佛印禅师看了诗后，笑而不语，信手批了两个字，叫书僮带回去。苏东坡打开一看，上面批着"放屁"两个大字，恼羞成怒，立马乘船过江找禅师理论。

当他来到佛印禅师门口时，禅师早已锁了门出游了，只是在门上贴着一副对联："八风吹不动，一屁打过江。"苏东坡此时才意识到原来自己早已被八风吹动了，看来都是口头禅，不是真功夫啊！

"八风不动心"不是那么容易的，它是一种证悟后的圣者境界，要完全破除了我执、证悟了无我的空性才可以达成的。为什么人家一说"放屁"你就生气了，就是因为有个"我"，如果完全无我了，那人家说什么都可以，说你是佛也好，说你是魔也好，都不会高兴，也不会生气了。所以，要真正获得"八风不动心"的吉祥，是要证悟空性才可以做到的。

🪷 三十六、无忧

无忧，是指心已经完全断除了烦恼，当遭遇世间变化无常时，仍能保持不悲伤。

每个人都渴望幸福快乐，却常常忧悲苦恼。世尊在这里告诉我们的第三十六种吉祥"无忧"，应该是每个人都想要得到的。但要怎样才能无忧呢？究竟地来讲，只有了达了空性、证悟了无我，内心才会没有忧愁和悲伤。这里，"无忧"是指完全断除了烦恼的心。

为什么我们可以做到完全断除烦恼呢？就是因为我们能够了达无我空性的道理。既然没有我，那么谁在悲伤呢？如果我们真正能够证悟无我空性，就可以消除所有的忧愁和悲伤，做到快乐无忧。

禅宗四祖道信大师在他的著作《方寸论》中说："快乐无忧，故名为佛。"

这篇《方寸论》是禅宗的精髓，字数很少，比《心经》还要短。但是它揭示了一切佛法的精髓。

道信大师是这样说的：

"夫百千法门，同归方寸；河沙妙德，总在心源。一切戒门、定门、慧门，神通变化，悉自具足，不离汝心。一切烦恼业障，本来空寂；一切因果，皆如梦幻。无三界可出，无菩提可求，人与非人，性相平等。大道虚旷，绝思绝虑，如是之法，汝今已得，更无阙少，与佛何殊？更无别法。汝但任心自在，莫作观行，亦莫澄心，莫起贪嗔，莫怀愁虑，荡荡无碍。任意纵横，不作诸善，不作诸恶，行住坐卧，触目遇缘，总是佛之妙用。快乐无忧，故名为佛。"

这一段非常精彩，大家可以去领悟一下，特别是学过很多高深法门的道友，就会知道这一段讲的就是密宗里最殊胜的大手印、大圆满的正行。在这里就不解释了，大家自己去好好读一读。如果你真的明白了，那么就真的快乐无忧了。

云门宗的创始人文偃禅师曾留下"日日是好日"的禅门公案，耐人寻味。我们看到日本很多禅宗的禅师，如果给别人题字，经常会题这一幅字——"日日是好日"。上次我们去日本临济宗妙心寺灵云院，住持则竹秀南长老也送我一幅字，上面就写着"日日是好日"。其实这也是快乐无忧的意思。

唐代高僧，禅门沩仰宗初祖沩山灵佑禅师也曾经有一段开示：

"一切时中，视听寻常，更无委曲，亦不闭眼塞耳，但情不附物，即得。""譬如秋水澄澄，清净无为，澹泞无碍，唤他作道人，亦名无事之人。"

这段话非常殊胜，很好地解释了这个"快乐无忧"。如果我们真的能够明白其中的道理，确确实实就会快乐无忧了。

当然，这里面讲的都是非常高深的证得圣者果位之后的境界，我们凡夫可能很难做得到这样究竟的"快乐无忧"。在这里，再教大家一个简单的方法，就是念诵"南无无忧最胜吉祥如来"的名号。在《药师琉璃光七佛本愿功德经》里讲到了这位"无忧最胜吉祥如来"，这位佛陀非常殊胜，如果你念"南无无忧最胜吉祥如来"，就可以获得无忧和吉祥。

在《药师琉璃光七佛本愿功德经》里讲到，无忧最胜吉祥如来曾经有四个发愿。

"第一大愿。愿我来世得菩提时，若有众生，常为忧苦之所缠逼，若闻我名至心称念，由是力故，所有忧悲及诸苦恼悉皆消灭，长寿安稳乃至菩提。"

如果你经常很忧愁，就多念念"南无无忧最胜吉祥如来"。

"第二大愿。愿我来世得菩提时，若有众生造诸恶业，生在无间黑暗之处，大地狱中受诸苦恼，由彼前身闻我名字，我于尔时身出光明照受苦者，由是力故彼见光时，所有业障悉皆消灭，解脱众苦生人天中，随意受乐乃至菩提。"

哪怕在无间地狱当中，如果你过去生中听闻过无忧最胜吉祥如来的名号，无忧最胜吉祥如来就会来放光照射你，你马上就会从地狱里面出来，享受人道和天道的快乐，"乃至菩提"，最后就能成佛。

"第三大愿。愿我来世得菩提时，若有众生，造诸恶业杀盗邪淫，于其现身受刀杖苦当堕恶趣，设得人身短寿多病，生贫贱家衣服饮食悉皆乏少，常受寒热饥渴等苦身无光色，所感眷属皆不贤良，若闻我名至心称念，由是力故，随所愿求饮食衣服悉皆充足，如彼诸天身光可爱，得善眷属乃至菩提。"

如果你有种种困难，遭受种种恶报，没有很好的眷属，你念"南无无忧最胜吉祥如来"，你都可以消除这些痛苦。

"第四大愿。愿我来世得菩提时，若有众生，常为药叉诸恶鬼神之所娆乱，夺其精气受诸苦恼，若闻我名至心称念，由是力故，诸药叉等悉皆消散各起慈心，解脱众苦乃至菩提。"

碰到各种各样的妖魔鬼怪来娆乱你，你念"南无无忧最胜吉祥如来"，就可以消除这些问题。如果你念这个名号，那么所有这些各种各样的妖魔鬼怪就会对你产生慈悲心，你的痛苦马上就消除了。

有一位道友说，他的母亲非常痛苦，因为相信一些巫婆神汉之类的，也有各种各样的烦恼。如果有可能的话，可以念念"南无无忧最胜吉祥如来"或供奉药师佛、念诵"南无药师琉璃光王如来"。因为药师琉璃光如来也曾发愿："愿我来世得菩提时，令诸有情，出魔罥网，解脱一切外道缠缚，若堕种种恶见稠林，皆当引摄置于正见，渐令修习诸菩萨行，速证无上正等菩提。"而且在《药师琉璃光如来本愿功德经》中说："若诸有情，好喜乖离更相斗讼恼乱自他，以身语意造作增长种种恶业，展转常为不饶益事，互相谋害，告召山林树冢等神，杀诸众生取其血肉，祭祀药叉罗刹婆等，书怨人名作其形像，以恶咒术而咒诅之，厌魅蛊道咒起尸鬼，令断彼命及坏其身，是诸有情若得闻此药师琉璃光如来名号，彼诸恶事悉不能害，一切展转皆起慈心，利益安乐无损恼意及嫌恨心，各各欢悦于自所受生于喜足，不相侵凌互为饶益。"所以，当我们遇到这样一些鬼神恼害、外道魔障时，我们可以念诵"南无无忧最胜吉祥如来"或"南无药师琉璃光王如来"。

佛陀在《吉祥经》中告诉我们三十八种吉祥如意的秘诀，越到后面的越是究竟圆满。如果我们能够证悟空性，获得圣者的果位，那我们就能得到最究竟的吉祥了。在此之前，我们一方面好好修持这里面的每一个吉祥秘诀，一方面好好祈祷诸佛菩萨的加持护佑。

在这里，我也送给大家一首宋代高僧无门慧开禅师的诗："春有百花秋有月，夏有凉风冬有雪，若无闲事挂心头，便是人间好时节。"

祝愿大家都能快乐无忧！

🪷 三十七、无污染

远离了贪、嗔、痴的污染，所以称为"无污染"。

内心中没有贪、嗔、痴、慢、嫉这五毒，就不会有烦恼，没有烦恼就是"无污染"，但这需要证悟空性才能真正做到。凡夫众生因为"我执"的迷惑，为了这个"假我"而生贪、生嗔、生出种种的邪见、傲慢和嫉妒，使本来清净的心充满了染污。佛教的修行就是要向内观心去对治这些烦恼、去除这些染污，还我们自己一颗本来清净光明的心。《妙法莲华经》云："持戒清洁，如净明珠。""善修其心，能住安乐。"净土宗九祖灵峰蕅益大师所作《净社铭》亦云："持戒为本，观心为要。"持戒是对内心的保护，能够防非止恶，避免种下负面的种子。观心、修心从浅层来讲就是保持对内心的觉照，并以少欲知足对治贪心，以慈悲对治嗔心，以闻思修行对治愚痴和邪见，以谦卑对治傲慢，以随喜对治嫉妒，这样才能抵制五毒对我们的伤害，让我们的心得到暂时的安乐；而从深层来讲，观心、修心的终极目标则是证悟无我的空性、了达心的本性。这样我们才能究竟达至"能住安乐"的最高吉祥。

我们要知道，五毒的污染不是来自于外境，而是来自于我们无明的心。只要"我执"的迷惑没有被彻底破除，只要我们还认为有个"我"在，那么五毒就不可能完全被清除，也就无法真正达到漏尽者"无污染"的境界。

只有证悟了无我的空性，我们才不会为了"我"而生起贪、嗔、痴、慢、嫉的染污，只有通过证悟空性，五毒烦恼才能被彻底地消除。所以，真正要做到"无污染"就一定要了达空性。

🪷 三十八、宁静无烦恼

阿罗汉圣者远离了欲漏、有漏、见漏、无明漏等四种束缚，故而获得"宁静无烦恼"的最高吉祥。

佛陀为四众弟子开示的三十八种获得吉祥的智慧方法，每一项都能实实在在地带给我们殊胜的利益，而且最后的这几个真可谓是至高的吉祥，因为已超越了轮回，是圣者超凡入圣的境界，是永恒的大乐、究竟的吉祥。最后，就让我们来看第三十八种吉祥——"宁静无烦恼"。

"烦恼"在佛法中又被称为"漏"。在《中部·根本法门经》注中说："有四种漏：欲漏、有漏、见漏、无明漏。这四种漏已被阿罗汉灭尽，舍断，正断，止息，不可能再生，已被智火烧尽，因此称为漏尽者。"漏尽者即阿罗汉圣者，因为透过阿罗汉道完全地断除了一切漏，故称漏尽者。

"宁静无烦恼"就是四法印"诸行无常，诸法无我，涅槃寂静，有漏皆苦"中的"涅槃寂静"。凡夫的心都是不宁静的，因为有"我"和"我所"——"我的痛苦""我的快乐""我的执著"，所以有很多烦恼、很多苦，根本无法真正静下来。只有彻底地证悟了空性，断除了烦恼，获得涅槃，心才能回归究竟的寂静、真实的宁静。所以，当我们能够证得"涅槃寂静"的境界时，就能获得"宁静无烦恼"的至高吉祥了。

如果完全证得了"无我"，心就再也不会动摇了，因为"空"怎么会动摇呢？所以，只有空性是彻底的寂静，只有证悟空性才能真正达到宁静。

如果没有了达空性，我们的静都是相对的、都是有限的，所有的一切都在生灭里面，都在无常之中，不可能获得彻底的寂静。《大般涅槃经》说："诸行无常，是生灭法。生灭灭已，寂灭为乐。"寂灭就是涅槃，当我们证悟空性的时候，生灭就没有了，就像《般若波罗蜜多心经》中说的"不生不灭，不垢不净，不增不减"。这就是宁静无烦恼，就是最高的吉祥、究竟的吉祥。

小乘佛教中，"八风不动心，无忧无污染，宁静无烦恼"，指的是阿罗汉的境界。因为证悟了空性，断除了一切有漏的烦恼，获得了涅槃寂静的大乐，所以无论世事如何变化无常，他的心都不会动摇。

我们在生活中不可避免地会遇到八种世间的变迁：盈利与损失，声誉与恶名，褒扬与非难，快乐与痛苦。每个人生活中都一定会遭逢变化，每天都会遇到或喜或忧、或好或坏的各种境遇，这些就是世间法，就是无常的真相。所以无论外境如何变化，我们的心不应随之而动，必须保持安稳和平衡，如此便不会有哭泣、不会有悲伤，心中不会有杂染、不会有不安。

这样美好的境界，这样的一种能力并不是靠纸上谈兵就能够获得的。面对纷繁复杂、痛苦难耐的轮回，我们必须要走在正法的道路上，以闻思修行去实践佛陀的教言，只有这样，才能学会以平等心对待生命中的所有变迁，才会越来越感觉到安稳和宁静。当一个人不被世间无常变化所动摇时，当一个人能够抵御这世间或好或坏的变化时，他就获得了真正的吉祥。当然，要完全达到这样的境界，需要证悟空性才行。

其实，《吉祥经》后面的几种方法都是同一个内容，就是要证悟空性。证悟人无我的空性，即小乘初果至四果，以四果阿罗汉为究竟；证悟法无我的空性，即大乘初地至佛地，以佛地为究竟。如果没有证悟空性，所谓的吉祥都是有限的、暂时的，只有证悟空性，成就了佛果，才是最真实、最究竟、最永恒、最圆满的吉祥。

在这里也给大家介绍一篇很短的大乘佛教经文，这篇经文很精要地介绍了空性智慧和究竟解脱的境界，这就是在佛教界最著名的经典之一《般若波罗蜜多心经》：

"观自在菩萨。行深般若波罗蜜多时。照见五蕴皆空。度一切苦厄。舍利子。色不异空。空不异色。色即是空。空即是色。受想行识。亦复如是。舍利子。是诸法空相。不生不灭。不垢不净。不增不减。是故空中无色。无受想行识。无眼耳鼻舌身意。无色声香味触法。无眼界。乃至无意识界。无无明。亦无无明尽。乃至无老死。亦无老死尽。无苦集灭道。无智亦无得。以无所得故。菩提萨埵。依般若波罗蜜多故。心无挂碍。无挂碍故。

无有恐怖。远离颠倒梦想。究竟涅槃。三世诸佛。依般若波罗蜜多故。得阿耨多罗三藐三菩提。故知般若波罗蜜多。是大神咒。是大明咒。是无上咒。是无等等咒。能除一切苦。真实不虚。故说般若波罗蜜多咒。即说咒曰。揭谛揭谛。波罗揭谛。波罗僧揭谛。菩提萨婆诃。"

一切处得福，是为最吉祥。

　　将三十八个吉祥的方法一一开示过后，慈悲伟大的佛陀以四句偈颂来总结《吉祥经》的全文："依此行持者，无往而不胜，一切处得福，是为最吉祥。"

　　佛陀告诉我们，能够按照这三十八种吉祥如意的方法去做的人，必定无往而不胜，必定心想事成，必定会拥有幸福圆满的人生。只要实践这三十八种方法，就一定能消除所有痛苦的因，种下所有快乐的因，结果当然只会得到快乐的果，想要痛苦都不可能。所以，掌握了这三十八种吉祥的秘诀，就掌握了成功，不论去哪里，都会吉祥如意，吉庆安宁，福报圆满。

　　当然，佛陀也曾说过："吾为汝说解脱之方便，当知解脱依赖于自己。"吉祥的道路就在脚下，每个人都有选择自己命运的自由，要不要去实践力行就看自己了。

　　《金刚经》云："如来是真语者，实语者，如语者，不诳语者，不异语者。"《药师琉璃光如来本愿功德经》亦云："此日月轮可令堕落，妙高山王可使倾动，诸佛所言无有异也。"佛陀所开示的真理，不仅理论依据无懈可击、修行方法切实可行，而且千百年来都有无数的实践者、成就者证明着佛法的真实可靠。

　　在这部《吉祥经》中，慈悲的佛陀已经毫无保留地给我们传授了吉祥如意的三十八个秘诀。我们今天无论身处高位或低位，无论是在顺境或逆境，只要内心了达了这些智慧，行为也如法去行持，就必定会无往而不胜，未来一定是从黑暗走向光明，从光明走向更广阔的光明！谁能去学习、实践、力行这三十八种吉祥如意的方法，他的人生就必定会得到暂时与究竟的安乐与吉祥，最后一定能够解脱成佛，获得最究竟圆满的吉祥。

　　佛陀的教法无一不是甘露妙药，教学的对象不只是出家众，也包括在家众。佛陀在世的时代，就有很多的在家居士到佛陀面前学习正法。有一次，一群居士来请教佛陀："世尊，我们并不准备出家为僧，我们必须面对世俗的生活，那么正法也适用于在家人吗？我们也能获得解脱吗？"佛陀回答说："当然，解脱之法是一个适合所有人的修行方法。"

　　在家居士不能避免对家人、亲友和社会的各种责任，但佛陀所开示的解脱教法仍然适合他们。并且，佛陀还专门为在家居士开示了很多在家教法，指出了一条在家居士的修行之道。

　　《吉祥经》就是这样一篇适合在家居士修行的教言，这三十八种吉祥的方法涵盖了在家居士生活、工作，直至解脱等世出世间的方方面面。同时，也涵盖了中华优秀传统文化智慧的许多精华。《吉祥经》中前八段偈颂主要是对居家生活的指导，关于这部分可以在儒家、道家等圣贤教言里找到相同或相似的内容。当然，《吉祥经》第九至第十段偈颂关于出世间证悟解脱的内容更为殊胜，在儒家、道家里就没有详细的相关内容了。

《吉祥经》是一部无比珍贵的经典，是一部缔造幸福与吉祥的经典，如果三十八条都能做到，就一定会吉祥如意，不可能会有失败和痛苦发生。对于这篇《吉祥经》，不仅仅要听闻，不仅仅要读诵，而且一定要把这些道理领会了，一条一条地去做到。这部经是用来力行、修持的，经文里提及吉祥的智慧与方法应该融入我们的生命之中，让我们所要的吉祥都一一实现。

大家要将学到的这三十八个方法，好好地去对照我们的行为，看看是否相符。三十八种方法只要落实一条，快乐就会增加一分，如果三十八种全做到了，那就是百分之百的快乐、百分之百的觉悟和解脱。虽然这篇经文很短，但其中蕴含的智慧是非常深奥和广大的。希望大家好好背诵、好好理解、好好实践。祝愿大家都能吉祥如意、幸福圆满，早日达到佛陀无尽吉祥的境界，像佛陀和传承祖师一样去帮助无量无边的众生！

附录一：《法句譬喻经·吉祥品》

西晋沙门法炬共法立 译

昔佛在罗阅祇耆阇崛山中为天人龙鬼转三乘法轮。时山南恒水岸边有尼乾梵志。先出耆旧博达多智。德向五通明识古今。所养门徒有五百人。教化指授皆悉通达天文地理星宿人情。无不瞻察观略内外。吉凶福祸丰俭倾没。皆包知之。梵志弟子先佛所行应当得道。欻自相将至水岸边。屏坐论语自共相问。世间诸国人民所行。以何等事为世吉祥门徒不了。往到师所为师作礼。又手白言。弟子等学久所学已达。不闻诸国以何为吉祥。尼乾告曰。善哉问也。阎浮利地有十六大国。八万四千小国。诸国各有吉祥。或金或银。水精琉璃明月神珠。象马乘舆玉女珊瑚。珂贝妓乐。凤凰孔雀。或以日月星辰宝瓶四辈。梵志道士。此是诸国之所好吉祥瑞应。若当见是称善无量。此是瑞应国之吉祥。诸弟子曰。宁可更有殊特吉祥。于身有益终生天上。尼乾答曰。先师以来未有过此书籍不载。诸弟子曰。近闻释种出家为道。端坐六年降魔得佛。三达无碍。试共往问。所知博采何如大师。师徒弟子五百余人。经涉山路往到佛所。为佛作礼坐梵志位又手长跪。白世尊曰。诸国吉祥所好如此。不审更有胜是者不也。佛告梵志。如卿所论世间之事。顺则吉祥反则凶祸。不能令人济神度苦。如我所闻吉祥之法。行者得福永离三界。自致泥洹。于是世尊而作颂曰。

佛尊过诸天	如来常现义	有梵志道士	来问何吉祥
于是佛愍伤	为说真有要	已信乐正法	是为最吉祥
亦不从天人	希望求侥幸	亦不祷祠神	是为最吉祥
友贤择善居	常先为福德	整身承真正	是为最吉祥
去恶从就善	避酒知自节	不淫于女色	是为最吉祥
多闻如行戒	法律精进学	修己无所争	是为最吉祥
居孝事父母	治家养妻子	不为空之行	是为最吉祥
不慢不自大	知足念反复	以时诵习经	是为最吉祥
所闻多以忍	乐欲见沙门	每讲辄听受	是为最吉祥
持斋修梵行	常欲见贤圣	依附明智者	是为最吉祥
已信有道德	正意向无疑	欲脱三恶道	是为最吉祥
等心行布施	奉诸得道者	亦敬诸天人	是为最吉祥
常欲离贪淫	愚痴嗔恚意	能习成道见	是为最吉祥
若以弃非务	能勤修道用	常事于可事	是为最吉祥
一切为天下	建立大慈意	修仁安众生	是为最吉祥
智者居世间	常习吉祥行	自致成慧见	是为最吉祥
梵志闻佛教	心中大欢喜	即时礼佛足	归命佛法众

　　梵志师徒闻佛说偈。欣然意解。甚大欢喜。前白佛言。甚妙世尊。世所希有。由来迷惑未及窥明。唯愿世尊。矜愍济度。愿身自归佛法三尊。得作沙门冀在下行。佛言。大哉善来比丘。即

成沙门。内思安般逮得应真。听者无数皆得法眼。

（资料来源：《乾隆大藏经》第80册，1346部，第830-842页，《法句譬喻经·卷第四·吉祥品第三十九》，西土圣贤撰集，西晋沙门法炬共法立，四卷。）

附录二：《大方广佛华严经·净行品》

东晋天竺三藏佛陀跋陀罗等 译

　　尔时智首菩萨问。文殊师利言。佛子。云何菩萨不染身口意业。不害身口意业。不痴身口意业。不退转身口意业。不动身口意业。应赞叹身口意业。清净身口意业。离烦恼身口意业。随智慧身口意业。云何菩萨生处成就。姓成就。家成就。色相成就。念成就。智慧成就。趣成就。无畏成就。觉悟成就。云何菩萨第一智慧。最上智慧。胜智慧。最胜智慧。不可量智慧。不可数智慧。不可思议智慧。不可称智慧。不可说智慧。云何菩萨因力具足。意力具足。方便力具足。缘力具足。境界力具足。根力具足。止观力具足。定力具足。云何菩萨善知阴界入。善知缘起法。善知欲色无色界。善知过去未来现在。云何菩萨修七觉意。修空无相无作。云何菩萨满足檀波罗蜜尸波罗蜜羼提波罗蜜毗梨耶波罗蜜禅波罗蜜般若波罗蜜慈悲喜舍。云何菩萨得是处非处智力。过去未未来现在业报智力。种种诸根智力。种种性智力。种种欲智力。一切至处道智力。禅定解脱三昧垢净智力。宿命无碍智力。天眼无碍智力。断一切烦恼习气智力。云何菩萨常为诸天王守护恭敬供养。龙王。鬼神王。乾闼婆王。阿修罗王。迦楼罗王。紧那罗王。摩睺罗伽王。人王梵天王等守护恭敬供养。云何菩萨为众生舍。为救为归为趣。为炬为明为灯。为导为无上导。云何菩萨。于一切众生。为第一为大为胜。为上为无上。为无等为无等等。尔时文殊师利。答智首菩萨曰。善哉善哉。佛子。多所饶益。多所安隐 。哀愍世间惠利一切安乐天人。问如是义。佛子。菩萨成就身口意业。能得一切胜妙功德。于佛正法心无挂碍。去来今佛所转法轮。能随顺转不舍众生。明达实相。断一切恶具足众善。色像第一。悉如普贤大菩萨等。成就如来。一切种智。于一切法悉得自在。而为众生第二尊导。佛子。何等身口意业。能得一切胜妙功德。

菩萨在家　当愿众生　舍离家难　入空法中

孝事父母　当愿众生　一切护养　永得大安

妻子集会　当愿众生　令出爱狱　无恋慕心

若得五欲　当愿众生　舍离贪惑　功德具足

若在妓乐　当愿众生　悉得法乐　见法如幻

若在房室　当愿众生　入贤圣地　永离欲秽

着宝璎珞　当愿众生　舍去重担　度有无岸

若上楼阁　当愿众生　升佛法堂　得微妙法

布施所珍　当愿众生　悉舍一切　心无贪着

若在聚会　当愿众生　究竟解脱　到如来会

若在危难　当愿众生　随意自在　无所挂碍

以信舍家　当愿众生　弃舍世业　心无所著

若入僧坊　当愿众生　一切和合　心无限碍

诣大小师　当愿众生　开方便门　入深法要

求出家法　当愿众生　得不退转　心无障碍

脱去俗服　当愿众生　解道修德　无复懈怠

除剃须发　当愿众生　断除烦恼　究竟寂灭

受着袈裟　当愿众生　舍离三毒　心得欢喜

受出家法　当愿众生　如佛出家　开导一切

自归于佛　当愿众生　体解大道　发无上意

自归于法　当愿众生　深入经藏　智慧如海

自归于僧　当愿众生　统理大众　一切无碍

受持净戒　当愿众生　具足修习　学一切戒

受行道禁　当愿众生　具足道戒　修如实业

始请和尚　当愿众生　得无生智　到于彼岸

受具足戒　当愿众生　得胜妙法　成就方便

若入房舍　当愿众生　升无上堂　得不退法

若敷床座　当愿众生　敷善法座　见真实相

正身端坐　当愿众生　坐佛道树　心无所倚

结跏趺坐　当愿众生　善根坚固　得不动地

三昧正受　当愿众生　向三昧门　得究竟定

观察诸法　当愿众生　见法真实　无所挂碍

舍跏趺坐　当愿众生　知诸行性　悉归散灭

下床安足　当愿众生　履践圣迹　不动解脱

始举足时　当愿众生　越度生死　善法满足

被着衣裳　当愿众生　服诸善根　每知惭愧

整服结带　当愿众生　自捡修道　不坏善法

次着上衣　当愿众生　得上善根　究竟胜法

着僧伽梨　当愿众生　大慈覆护　得不动法

手执杨枝　当愿众生　心得正法　自然清净

晨嚼杨枝　当愿众生　得调伏牙　噬诸烦恼

左右便利　当愿众生　蠲除污秽　无淫怒痴

已而就水　当愿众生　向无上道　得出世法

以水涤秽　当愿众生　具足净忍　毕竟无垢

以水盥掌　当愿众生　得上妙手　受持佛法

澡漱口齿　当愿众生　向净法门　究竟解脱

手执锡杖　当愿众生　设净施会　见道如实

擎持应器　当愿众生　成就法器　受天人供

发趾向道　当愿众生　趣佛菩提　究竟解脱

若已在道　当愿众生　成就佛道　无余所求

涉路而行　当愿众生　履净法界　心无障碍

见趣高路　当愿众生　升无上道　超出三界

见趣下路　当愿众生　谦下柔软　入佛深法

若见险路　当愿众生　弃捐恶道　灭除邪见

若见直路　当愿众生　得中正意　身口无曲

见道扬尘　当愿众生　永离尘秽　毕竟清净

见道无尘　当愿众生　大悲所熏　心意柔润

见深坑涧　当愿众生　向正法界　灭除诸难

见听诵堂　当愿众生　说甚深法　一切和合

若见大树　当愿众生　离我诤心　无有忿恨

若见丛林　当愿众生　一切敬礼　天人师仰

若见高山　当愿众生　得无上善　莫能见顶

若见刺棘　当愿众生　拔三毒刺　无贼害心

见树茂叶　当愿众生　以道自荫　入禅三昧

见树好华　当愿众生　开净如华　相好满具

见树丰果　当愿众生　起道树行　成无上果

见诸流水　当愿众生　得正法流　入佛智海

若见陂水　当愿众生　悉得诸佛　不坏正法

若见浴池　当愿众生　入佛海音　问答无穷

见人汲井　当愿众生　得如来辩　不可穷尽

若见泉水　当愿众生　善根无尽　境界无上

见山涧水　当愿众生　洗濯尘垢　意解清净

若见桥梁　当愿众生　兴造法桥　度人不休

见修园圃　当愿众生　芸除秽恶　不生欲根

见无忧林　当愿众生　心得欢喜　永除忧恼

见好园池　当愿众生　勤修众善　具足菩提

见严饰人　当愿众生　三十二相　而自庄严

见素服人　当愿众生　究竟得到　头陀彼岸

见志乐人　当愿众生　清净法乐　以道自娱

见愁忧人　当愿众生　于有为法　心生厌离

见欢乐人　当愿众生　得无上乐　憺怕无患

见苦恼人　当愿众生　灭除众苦　得佛智慧

见强健人　当愿众生　得金刚身　无有衰耗

见疾病人　当愿众生　知身空寂　解脱众苦

见端正人　当愿众生　欢喜恭敬　诸佛菩萨

见丑陋人　当愿众生　远离鄙恶　以善自严

见报恩人　当愿众生　常念诸佛　菩萨恩德

见背恩人　当愿众生　常见贤圣　不作众恶

若见沙门　当愿众生　寂静调伏　究竟无余

见婆罗门　当愿众生　得真清净　离一切恶

若见仙人　当愿众生　向正真道　究竟解脱

见苦行人　当愿众生　坚固精勤　不退佛道

见着甲胄　当愿众生　誓服法铠　得无师法

见无铠仗　当愿众生　远离众恶　亲近善法

见论议人　当愿众生　得无上辩　摧伏外道

见正命人　当愿众生　得清净命　威仪不异

若见帝王　当愿众生　逮净法王　转无碍轮

见帝王子　当愿众生　履佛子行　化生法中

若见长者　当愿众生　永离爱欲　深解佛法

若见大臣　当愿众生　常得正念　修行众善

若见城郭　当愿众生　得金刚身　心不可沮

若见王都　当愿众生　明达远照　功德自在

若见妙色　当愿众生　得上妙色　天人赞叹

入里乞食　当愿众生　入深法界　心无障碍

到人门户　当愿众生　入总持门　见诸佛法

入人堂室　当愿众生　入一佛乘　明达三世

遇难持戒　当愿众生　不舍众善　永度彼岸

见舍戒人　当愿众生　超出众难　度三恶道

若见空钵　当愿众生　其心清净　空无烦恼

若见满钵　当愿众生　具足成满　一切善法

若得食时　当愿众生　为法供养　志在佛道

若不得食　当愿众生　远离一切　诸不善行

见惭愧人　当愿众生　惭愧正行　调伏诸根

见无惭愧　当愿众生　离无惭愧　普行大慈

得香美食　当愿众生　知节少欲　情无所著

得不美食　当愿众生　具足成满　无愿三昧

得柔软食　当愿众生　大悲所熏　心意柔软

得粗涩食　当愿众生　永得远离　世间爱味

若咽食时　当愿众生　禅悦为食　法喜充满

所食杂味　当愿众生　得佛上味　化成甘露

饭食已讫　当愿众生　德行充盈　成十种力

若说法时　当愿众生　得无尽辩　深达佛法

退坐出堂　当愿众生　深入佛智　永出三界

若入水时　当愿众生　深入佛道　等达三世

澡浴身体　当愿众生　身心无垢　光明无量

盛暑炎炽　当愿众生　离烦恼热　得清凉定

隆寒冰结　当愿众生　究竟解脱　无上清凉

讽诵经典　当愿众生　得总持门　摄一切法

若见如来　当愿众生　悉得佛眼　见诸最胜

谛观如来　当愿众生　悉睹十方　端正如佛

见佛塔庙　当愿众生　尊重如塔　受天人敬

敬心观塔　当愿众生　尊重如佛　天人宗仰

顶礼佛塔　当愿众生　得道如佛　无能见顶

右绕塔庙　当愿众生　履行正路　究畅道意

绕塔三匝　当愿众生　得一向意　勤求佛道

赞咏如来　当愿众生　度功德岸　叹无穷尽

赞佛相好　当愿众生　光明神德　如佛法身

若洗足时　当愿众生　得四神足　究竟解脱

昏夜寝息　当愿众生　休息诸行　心净无秽

晨朝觉寤　当愿众生　一切知觉　不舍十方

佛子。是为菩萨身口意业。能得一切胜妙功德。诸天魔梵沙门婆罗门人及非人声闻缘觉所不能动。

（资料来源：《乾隆大藏经》第18册，83部，第94—100页，《大方广佛华严经·卷第六·净行品第七》，大乘华严部，东晋天竺三藏佛驮跋陀罗，六十卷。）